UC 统一通信系统

主　编　刘　铭　石　玉　郭　强
副主编　尚　鹏　李　阳　李　刚
　　　　孙鹏娇　时野坪

U0291042

北京邮电大学出版社
www.buptpress.com

内 容 简 介

本书秉承"专业务实、学以致用"的理念以及"工学结合"的思想,以统一通信网络的实际工作过程及典型工作任务为依据,以培养统一通信网络建设与运行维护的核心职业能力为目标,围绕华为统一通信网络设备的配置、调试与统一通信网络开通过程,分别介绍了统一通信技术原理,统一通信网络组建与维护内容,由浅入深,循序渐进,采用与企业共同开发的项目式编写方式,配置了大量的图示说明,深入浅出,突出应用性、实践性,容易被学生接受。

本书可作为高职高专院校通信技术类专业的统一通信组网教材,也可作为相关专业师生和网络开通人员的参考用书。

图书在版编目(CIP)数据

UC统一通信系统 / 刘铭,石玉,郭强主编 . -- 北京:北京邮电大学出版社,2019.7
ISBN 978-7-5635-5664-9

Ⅰ. ①U… Ⅱ. ①李… ②尚… ③刘… Ⅲ. ①业务通信系统 Ⅳ. ①TN914

中国版本图书馆 CIP 数据核字 (2018) 第 290754 号

书　　名:UC统一通信系统
主　　编:刘　铭　石　玉　郭　强
责任编辑:满志文
出版发行:北京邮电大学出版社
社　　址:北京市海淀区西土城路 10 号(邮编:100876)
发　行　部:电话:010-62282185　传真:010-62283578
E-mail:publish@bupt.edu.cn
经　　销:各地新华书店
印　　刷:北京九州迅驰传媒文化有限公司
开　　本:787 mm×1 092 mm　1/16
印　　张:11.5
字　　数:283 千字
版　　次:2019 年 7 月第 1 版　2019 年 7 月第 1 次印刷

ISBN 978-7-5635-5664-9　　　　　　　　　　　　　　定　价:38.00 元
· 如有印装质量问题,请与北京邮电大学出版社发行部联系 ·

前　　言

随着企业通信技术及企业内部通信业务的不断增长与发展,使得社会对于从事企业通信技术行业人员的技术技能要求变得更高。为了能够帮助即将从事企业通信行业或已经处于企业通信行业的技术人员更好地了解企业通信技术,故编写此书。

统一通信课程是通信类专业的一门重要的技能性课程,实践操作是课程教学中很重要的一个环节。本书秉承"专业务实、学以致用"的理念以及"工学结合"的思想,以统一通信网络的实际工作过程及典型工作任务为依据,以培养统一通信网络建设与运行维护的核心职业能力为目标,围绕华为统一通信网络设备的配置、调试与统一通信网络开通过程,分别介绍了统一通信技术原理,统一通信网络组建与维护内容,由浅入深,循序渐进,采用与企业共同开发的项目式编写方式,配置了大量的图示说明,深入浅出,突出应用性、实践性,容易被学生接受。

为方便学习者动手做实验,巩固课程知识,本书在编写过程中分为三大部分。第一部分1~3章主要为理论知识部分,介绍了现代通信基础、统一通信发展以及 VoIP 基础原理;第二部分 4~13 章为实操部分,系统地介绍了整个统一通信网络系统开通调测的方方面面,主要内容包括统一通信系统设备认知、U1900 初始配置及单板配置、用户数据添加、中继链路配置及各种业务配置等;第三部分 14~15 章为参考内容,主要包括各类通信故障定位与处理办法。

本书可作为高职高专院校通信技术类专业的统一通信组网教材,也可作为相关专业师生和网络开通人员的参考用书。完成本书参考了众多前辈、同行的教材、企业的技术文档及互联网上的资料。能够找到出处的,编者尽量在文后罗列出参考文献;但因时间仓促,可能存在漏写参考文献的现象,敬请读者朋友们谅解。

本书能够顺利出版,与北京金戈大通通信技术有限公司及北京邮电大学出版社的鼎力支持与帮助密不可分,编者在此致以诚挚的谢意! 鉴于编者水平有限,难免出现纰漏,恳请读者朋友批评指正。

编　者

目　　录

第一部分　统一通信技术基础

第二部分　统一通信系统实训项目

第三部分　华为统一通信系统故障定位

第一部分

统一通信技术基础

第 1 章　现代通信技术

本章重点

- 现代通信技术的发展；
- 数字程控交换技术的概念；
- 卫星通信及移动通信的概念。

本章难点

- 无。

本章学时数

- 建议 4 学时。

学习本章的目的和要求

- 了解现代通信技术的发展；
- 掌握数字程控交换技术的基础知识。

1.1　19 世纪通信技术的发展

19 世纪上半叶科学技术的发展有力地推动了军事通信技术的进步,重点表现在电报的运用和电话的发明上。

1．发明电报机

19 世纪 30 年代,欧洲和美洲先后出现了商用电报机。在这方面有代表性的发明家是英国的高斯、韦伯和美国的莫尔斯。1833 年,高斯和韦伯制作出第一个可供实用的电磁指针电报机。此后不久,另一个年轻的英国人库克和伦敦高等学院的教授惠斯登发明了新型电报机,并取得第一个专利。图 1-1 为早期电报机。

图 1-1　早期电报机

1837 年，美国人莫尔斯的发明，把电报技术向前大大推进了一步。他用一套点、划符号代表字母和数字（即莫尔斯电码），并设计了一套线路，发报端是一个电键，该电键把以长短电流脉冲形式出现的电码馈入导线，在接收端电流脉冲激励电报装置中的电磁铁，使笔尖在不断移动的纸带上记录下电码。经过不断改进，这套电报系统于 1844 年达到实用阶段，在巴尔的摩和华盛顿之间首次建立了电报联系。图 1-2 为莫尔斯演示电报。

图 1-2 塞缪尔·莫尔斯演示电报

2. 电报机应用

由于战争比人类任何其他活动都更加依赖于当时最有效的通信手段，因此电报一经出现，便立即引起了军界的关注。1854 年，英军在战争中第一次使用了电报。海底电报约于 1851 年开始用于多佛和加莱之间，然后发展到一方面用于伦敦和巴黎之间的远距离电报通信，另一方面则用于协约国克里米亚战争的瓦诺基地。

1857 年，在印度的独立战争中，设在加尔各答的政府和四处分散的英军之所以能保持联系，主要靠的是电报。1861—1865 年的美国南北战争，是第一次大规模使用电信技术的战争。在战争期间，联邦政府架设了 2 400 km 的电报线路，把北方部队同陆军部和陆军司令联结在一起，共发送了 650 万份电报。图 1-3 为电报在战争中的应用。

图 1-3 电报被迅速应用在战争中

3. 第一台电话

由于电报在收发时需要转译电码，人们嫌它迟缓不便，于是便进一步寻求更便捷的通信方式，电话也就应运而生。英国的胡克首先提出在远距离上传输语音的建议。1837 年，美国医生佩奇发现，当铁的磁性迅速改变时，会发出一种音乐般的悦耳声音，这种声音的响度随磁性变化的频率而改变,他把这种声音称为"电流音乐"。大约在1860年,德国的赖斯第一次将一曲旋律用电发送了一段距离,他把这个装置称为"电话",这个名称于是沿用下来。直到1876年,美国的贝尔终于发明了第一台电话。

电话及此前发明的电报的运用,使军事通信产生了革命性的变革。

图1-4为贝尔调试电话。

图1-5为贝尔装配的第一台电话。

图1-4　贝尔调试第一台电话现场

图1-5　贝尔装配的第一台电话

1.2　现代通信技术

1. 人类传递信息不足

19世纪以前,在漫长的历史时期内,人类传递信息主要依靠人力、畜力,也曾使用信鸽或借助烽火等方式来实现。这些通信方式效率极低,都受到地理距离及地理障碍的极大限制。

2. 通信迅猛的发展

1844年,美国人莫尔斯(S. B. Morse)发明了莫尔斯电码,并在电报机上传递了第一条电报,大大缩小了通信时空的差距。1876年贝尔发明了电话,首次使相距数百米的两个人可以直接清晰地进行对话。随着社会的发展,人们对信息传递和交换的要求越来越高,通信技术得到了迅猛的发展。

3. 终端设备

通信的基础设施是终端设备、传输设备和交换设备,它们共同构成了通信网。

终端设备包括电话、传真机、电报机、数据终端和图像终端等。有线通信的传输设备有电缆、海底电缆、光缆和海底光缆等。无线通信的传输设备有微波收信机、微波发信机、通信卫星等。交换设备处在通信网络的中心,是实现用户终端设备中信号交换、接续的装置,如电话交换机、电报交换机等。

4. 现代通信技术

现代通信技术的进步,主要表现在数字程控交换技术、光纤通信、卫星通信、智能终端等方面,而覆盖全球的个人通信则是通信技术的发展方向。

1.3 数字程控交换技术

1. 交换机

两部电话机用一对导线连接起来,就能实现两个用户间的通话。若 3 个用户,要实现任意两个用户间的通话,就需要 3 对导线;5 个用户时,需要 10 对导线;10 个用户时,需要 45 对导线;N 个用户时,需要 $N(N-1)/2$ 对导线。这种连线方式很不经济。经济的接线方式是每个用户的电话机用一对导线连接到各用户共同使用的一个交换设备上。该交换设备位于各用户的中心,这个设备就称为交换机。

最初的交换机也称为人工交换机,是由话务员来完成用户之间的连接的。以后又出现过"步进制交换机""纵横制交换机",它们都属于机电制自动交换机,但是由于是靠物理接触的方式传递信号,设备容易磨损。目前,世界上仍有一些国家和地区在使用纵横制交换机。图 1-6 为旧式人工交换机。

图 1-6 旧式人工交换机

2. 程控交换机

计算机产生以后,人们将交换机的各项功能编成程序,并存放在计算机的存储器中。这种用存储程序方式构成控制系统的交换机,就称为存储程序控制交换机,简称程控交换机。程控交换机实质上就是计算机控制的交换机。

世界上第一台程控交换机是 1965 年由美国贝尔电话公司制造的。程控交换机最突出的优点是:在改变系统的操作时,无须改动交换设备,只要改变程序的指令就可以了,这使交换系统具有很大的灵活性,便于开发新的通信业务,为用户提供多种服务项目,如电话网中传输数据等。图 1-7 为程控交换机。

3. 通信网信号分类

在通信网中传输或交换的信号有两类:模拟信号和数字信号。相应的传输或交换方式分别称为模拟信号方式和数字信号方式。

(1) 模拟信号

模拟信号是连续的。例如,电话用户说话的声音引起电话机送话器中振动膜片的振动,振动膜片的振动导致了大小正负变化

图 1-7 程控交换机

电流的产生。电流的这种变化,模拟了声波的振幅和频率。这种装载着声音信息的电流就是模拟信号,它在用户与交换机之间以及交换机内部未经任何加工地交换或传输下去,这就是模拟信号传输方式。模拟信号传输方式简单易行,但是模拟化的声音信号经过长距离的传输以后,会受到各种干扰的影响,声音的质量较差,甚至发生失真等。

（2）数字信号

数字信号是不连续的。如果打电话的人说话的模拟信号传到交换机以后,交换机并不急于传送到受话人,而是先将这个模拟信号通过编码器转变成一系列的"0"和"1"信号,这种由"0"和"1"组成的信号称为数字信号。这样,人的声音由我们平时能听到的模拟信号转变成为一种人听不懂,只有计算机才能"听懂的声音"了。交换机在完成取样编码后,再将数字信号传输出去,最后数字信号经解码器再转变为模拟信号,被受话人接收。图1-8为数字信号与模拟信号。

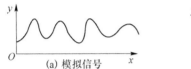

图1-8　数字信号与模拟信号

信号数字化的最大优点是抗干扰能力强。我们做两个假设:第一,信号"0"和"1"用电压的高低来表示,即5 V的电压代表"1",0 V的电压代表"0";第二,接收信号的设备收到一个电压在3～5 V之间的信号,则认为收到一个"1";收到电压在0～2 V之间的信号,则认为收到一个"0"。我们现在要传输0110这4个数字的一串信号,在传输过程中由于干扰,代表"1"的5 V电压变成了只有3.7 V,接收设备收到电压为3.7 V的信号后,计算机仍认为它代表对方传过来一个"1",而不会认为是"0"。这样,即使传输过程有干扰,只要干扰在一定范围内,这一串数字信号还是被正确地接收下来了。

4. 数字程控交换机的优点

数字程控交换机与机电制交换机相比还有许多优点:传输速率高,容量大,阻塞概率低,节省建筑投资,减少维护人员,为用户提供新的业务,除提供电话外还可提供数据、传真、可视电话、可视数据等;具有新的服务性能,如缩位拨号、叫醒服务、呼叫转移等。

在目前的电话通信网中,交换机内部以及交换机之间信号的交换和传输都是采用数字信号方式;而用户到交换机之间,即用户线上,由于成本问题仍采用模拟信号方式。

5. 数字网

目前的数字网有ISDN（综合业务数字网）、ADSL（Asymmetric Digital Subscriber Line,非对称数字用户环路是一种新的数据传输方式）等。ISDN即一线通,ADSL是数字用户线(DSL)技术的一种,可在普通铜线电话用户线上传送电话业务的同时,向用户提供1.5～8 Mbit/s速率的数字业务,在上行、下行方向的传输速率不对称。

ADSL的全称是不对称数字用户线,从字面上可以了解到,ADSL是一种数字编码的接入线路技术,而且其上行带宽和下行带宽是不对称的。现有ADSL系统的组网形式一般可以分为宽带接入服务器(BRAS)、ATM(Asynchronous Transfer Mode,异步传输模式的缩写)网和ADSL传送系统三部分。其中ADSL传送子系统由局端设备(DSLAM)和用户端设备(CPE)组成,负责铜线段的 ADSL 线路编解码和传送,ATM 网负责将来自 DSLAM 设备的用户数据以 ATM PVC 方式汇集到宽带接入服务器,宽带接入服务器对 ATM 信元和用户的 PPP 呼叫进行处理,完成与 IP 网之间的转换,将用户接入 Internet。ADSL 的局端设备和用户端设备之间通过普通的电话铜线连接,无须对入户线缆进行改造就可以为现有的大量电话用户提供 ADSL 宽带接入。根据实际测试数据和使用情况,在目前大量采用的 0.4 mm 线径双绞电话线上,速率为 3.6 Mbit/s 下行和 512 kbit/s 上行的 ADSL 传输距离可以达到 2～3 km。

1.4　光纤通信

1. 简介

光纤是光导纤维的简称,它是一种传播光波的线路。利用光纤中传播的光波作载波传递信息的通信方式就称为光纤通信。

2. 优点

通信容量大是光纤通信最大的优点。根据通信原理,通信容量与电磁波的频率成正比。微波的频率在 300 MHz～300 GHz,光波的频率(3.9×10^{14}～7.5×10^{14} Hz)比微波的频率大 1 000～10 000 倍,相应的光通信容量要比微波通信的容量大 1 万倍。英国华裔科学家高锟在 1966 年从理论上论证了光导纤维作为光通信介质的可能性,被尊称为"现代光通信之父"。

光纤比头发丝还要细,一般由两层不同的玻璃组成,里面一层称为纤芯或内芯,直径为 5～10 μm;外面一层称为包层,外径为 100～300 μm。为保护光纤,包层外面往往覆盖一层塑料。在光通信工程中应用的是光缆,它是由许多根光纤组合在一起并经加固处理而成的。光纤光缆示例如图 1-9 所示。

图 1-9　光纤光缆

低损耗是光纤通信的又一优点。纤芯和包层的折射率不同,前者略大于后者。光通信的光源是激光。当纤芯内的光线入射到包层界面时,只要其入射角大于某个临界值,光就会在纤芯内发生全反射,并且不断地全反射传播下去,不会有光漏射到包层中。用光纤通信的中继距离比用同轴电缆等其他通信方式长许多倍。现在已建成了欧亚大陆、亚欧海底、亚美海底的光缆系统。海底光缆管道示例,如图 1-10 所示。海底光缆线路如

图 1-11 及图 1-12 所示。

图 1-10　海底光缆管道

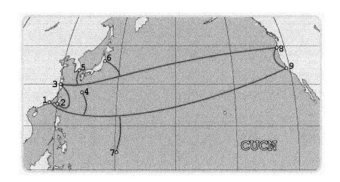

图 1-11　中美海底光缆线路

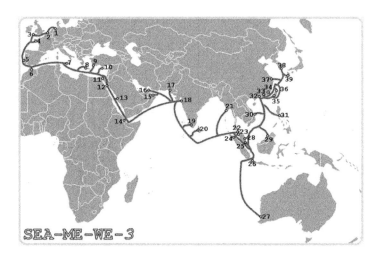

图 1-12　亚欧海底光缆线路

　　若要用光传送声音,首先应像普通电话那样,把声音信号变为电信号,再将载有声音信息的电信号通过发光器件(如发光二极管 LED 和半导体激光二极管 LD)变换成光信号,最后使用光纤将这个光信号传送到远方。在光纤传输的接收端,把这个光信号通过光电检测器件(如 PIN 光电二极管等)先转变成电信号,然后再将电信号还原成声音信号,这样就实现了通话。

光缆与铜电缆相比,具有体积小、重量轻、柔韧性强、容量大、不怕干扰、不会泄密、安装维护容易、费用低廉等优点,在军事上也得到了广泛的应用。

美国贝尔实验室已实现 1 根光纤同步传输 50 部电影,即 400 GB 数据(1 GB＝1 000 MB,1 MB＝1 024 KB)。按现在开发光纤容量的速度,专家预测,在 10 年内 1 根光纤可同步传输 5 亿部电影,将能为用户提供接近无限的带宽。因此,光纤被称为信息传输的"超高速公路"。

我国在 1999 年建成了 8 纵 8 横覆盖全国的光缆工程。以后将在全国完成 8 000 km 两个管道内共铺设 96 芯 G655 光纤的基础设施,同时分装 4 个空管,为新光纤的使用作准备。

1.5　卫星通信

1. 简介

卫星通信以微波为载波。微波是指波长为 1 mm～1 m 或频率为 300 MHz～300 GHz 范围内的电磁波,它是直线传播的。微波传输的优点是不需要敷设或架设线路,但是如果想要在地球上进行长距离的微波通信,由于地球是球形的,必须每隔 50 km 就修建一座微波站,用于接力传输通信信号。从北京到广州,若用微波进行通信,则必须在北京和广州之间修建 50 座微波中继站。如此多的传输环节,不仅严重影响通信的质量,而且投资巨大。

建立卫星通信系统,就可以解决微波通信中中继站众多的问题。一个卫星通信系统由通信卫星和地球站(或称卫星地面站)组成。卫星通信就是利用卫星作为中继站来转发微波,实现两个或多个地球站之间的通信。图 1-13 为卫星通信系统图,图 1-14 为卫星轨道划分图。

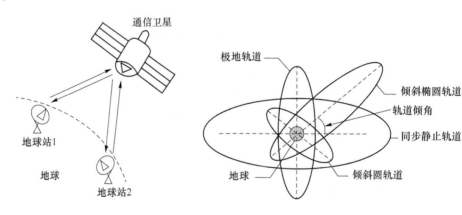

图 1-13　卫星通信系统　　　　　　　图 1-14　卫星轨道划分

2. 同步通信卫星和同步卫星通信

同步通信卫星在地球赤道上空约 3.6×10^4 km 的圆形轨道上绕地球运行,它的运行轨道平面与赤道平面的夹角保持为零度,其运行一周的时间与地球自转一周的时间同为24 h。

这样,它与地球处于相对静止状态,因此称为同步卫星。

将一颗通信卫星送入距地面 3.6×10^4 km 高的同步轨道是一项十分复杂的技术,既需要有先进的火箭技术,又需要有精确的遥测遥控技术。

对于每一颗同步通信卫星来说,它可以俯瞰地球表面约 40% 的面积,要想实现全球通信,就需要 3 颗相隔 120° 的同步通信卫星。例如,A 地球站要与另一地区的 B 地球站通信时,A 站将微波信号发射给卫星,卫星将收到的信号进行放大、频率变换等处理后再转发给 B 站,于是 A,B 两个地球站就实现了通信联系,如图 1-13 所示。

同步卫星通信有许多优点:第一,通信距离远。卫星距地面高达 3.6×10^4 km,经卫星直接传输,地面最远的通信距离可达 1.3×10^4 km;第二,通信不受地理条件(如山河海洋阻隔)的限制,也不受自然灾害或人为事件的影响;第三,通信质量高;第四,通信容量大,第八代国际通信卫星有 44 个转发器,可同时提供几万路电话线路或转发几十路电视;第五,可提供各种服务业务。

同步卫星通信的缺点:第一,传输时延大,信号由地球站到卫星再到地球站,传输距离远,发话方听到对方的回话至少在半秒之后;第二,同步轨道平面与赤道平面为同一平面,高纬度地区难以实现卫星通信,即地球两极附近存在卫星通信的"盲区"。

同步卫星通信自 20 世纪 60 年代中期开始发展,至今全世界已有 200 个国家总共建立了上百万个地球站。世界上全部电视转播业务和 2/3 的跨洋电信业务由卫星通信系统承担。通信卫星还用于传送卫星云图,监测森林或草原的火情及洪涝灾害,测算受灾地区的面积等。

3. 高倾斜度大椭圆轨道卫星通信

由于同步卫星通信在高纬度地区有通信"盲区",而苏联大部分领土处于北纬 50° 以上的地区,所以苏联于 1965 年发射了名为"闪电"的高倾斜度大椭圆轨道通信卫星,其运行轨道离地球最远处约 4×10^4 km,最近处约 500 km,在同一轨道上运行 3 颗且相距 120° 的卫星,构成对北半球高纬度地区的全时覆盖。

高倾斜度大椭圆轨道卫星通信,弥补了同步卫星通信在高纬度地区有"盲点"的不足。但这种卫星寿命较短,只有 3~4 年,约是同步通信卫星的 1/3,而且系统中的地球站要长年跟踪卫星,设备磨损较大。

4. 甚小天线地球站(VSAT)

近年来,通信卫星的服务业务得到迅速的发展,这与 20 世纪 80 年代中期出现的甚小天线地球站(VSAT,Very Small Aperture Terminal)密切相关。

VSAT 是一种具有收发功能的小型卫星通信地球站。VSAT 系统的通信天线口径小,一般在 0.3~2.4 m 之间,它设备紧凑、架设方便、功耗小、价格低。VSAT 系统中的用户小站对环境要求不高,可以直接安装在用户屋顶。用户只要坐在装有 VSAT 系统的屋内,就能直接通过卫星线路与世界各地进行数据、语音、图文传真等业务的高速传输。

目前,我国除了邮电部门提供的公用 VSAT 系统外,一些部委或企业都有自己的 VSAT 系统,构成本系统内的专用通信网。例如,中国人民银行采用 VSAT 系统建成了覆盖全国的金融信息卫星通信专用网,形成全国性的资金清算及汇划系统,这个系统简称"电子联行"(EIS)。

1.6 移动通信

1. 简介

移动体之间或移动体与固定体之间的通信称为移动通信。移动体可以是人、汽车、船只、飞机和卫星。移动通信种类繁多,可分为陆地移动通信、海上移动通信、航空移动通信等。移动通信使人们能够在移动过程中进行通信,以适应现代社会中快节奏、人员流动性强的需要。

2. 蜂窝移动电话

蜂窝移动电话是 20 世纪 80 年代发展起来的一种移动电话。蜂窝移动电话的服务区域(如一个城市)被划分成若干个相邻的正六边形小区。小区的边长几百米至十几千米,每个小区设有一个无线基站。基站负责将本小区内移动电话的呼叫传送到移动电话业务交换中心(即移动电话局),并在移动电话局的控制下实现移动电话用户间的通话转接,以及移动电话用户与市话用户的通话转接。由于多个六边形小区组合起来的形状酷似蜂窝,因此将这种移动电话系统称为蜂窝移动电话系统,所用的电话称为蜂窝移动电话。图 1-15 为蜂窝通信网络示意图。

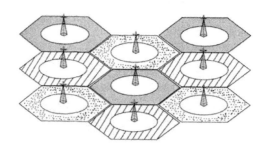

图 1-15 蜂窝通信网络示意图

3. 移动卫星通信

利用通信卫星作为中继站,可以实现固定通信,也可以实现移动通信。

移动卫星系统按应用领域可分为:海事移动卫星系统(MMSS)、航空移动卫星系统(AMSS)和陆地移动卫星系统(LMSS)。

第 2 章　统一通信发展概述

本章重点

- 统一通信的概念；
- 统一通信的业务功能；
- 统一通信的基本特征。

本章难点

- 无。

本章学时数

- 建议 4 学时。

学习本章的目的和要求

- 了解通信的产生背景；
- 掌握统一通信的基本概念和业务功能。

2.1　统一通信的产生背景

随着通信技术的不断发展,企业和个人通信系统日益复杂,在人们的生活中,时刻面临着众多通信网络、语音、视频、数据等各式各样的通信应用,以及电话、手机、笔记本电脑、台式机、传真机等多种通信工具。一直以来,这些应用由于彼此独立和无法融合、互通形成了大量信息孤岛,既浪费资源也不便于使用。图 2-1 为信息孤岛。此时,人们急需一种技术来实现在任何时间、任何地点,通过任何终端都能完成即时的沟通,这就是统一通信。

图 2-1　信息孤岛

在 2004 年,美国一家咨询公司首先提出了统一通信。2006 年后,有关统一通信的新闻不断涌现,让人应接不暇,华为、思科、微软、IBM、中兴等各大设备提供商、软件提供商纷纷发布了自己的统一通信解决方案和市场策略。

2.2　统一通信的概念

由于各大厂商都是根据自身优势开发统一通信产品,从自身利益的角度提出解析统一通信,所以统一通信至今没有一个大家都认可的统一的概念。华为提出,"统一通信进一步发展了 IP 通信的概念,通过使用 SIP 协议和移动解决方案,真正地实现了各类通信的统一和简化,不受位置、时间或设备的影响。"

在《统一通信技术和标准化需求研究》报告的基础上,CCSA 于 2010 年公布了《统一通信业务需求》标准,给出了统一通信的概念,指出,"统一通信是融合 CT 应用和 IT 应用的综合解决方案,通过对用户多种通信方式的融合,使用户可以利用一个集成环境进行通信,并访问其所需的应用,以方便用户使用并丰富其体验。"

图 2-2 为统一通信。

图 2-2　统一通信

图 2-3 为华为统一通信的解决方案。

图 2-3　华为统一通信的解决方案

2.3 统一通信相关技术简介

统一通信技术并不是指一门技术,而是多种通信技术的综合。在统一通信所涉及的技术中,最重要的是融合多种应用、多种业务和多种通信手段的架构,是一种集成众多通信方式的平台。从体系架构方面来说,目前的统一通信一般被分为应用层、网络层和终端层3个层面。应用层即统一通信服务平台层,集成了基础语音、即时通信、多媒体会议和协同办公等多种应用系统。网络层主要完成统一通信用户的接入,统一通信信令和用户数据的接入、路由、交换和传输功能。终端层是各种终端设备的集合,包括普通电话、SIP 话机、PC/PAD 客户端和移动客户端等。

全网 IP 化技术是统一通信基础中的基础,正是由于该技术的成熟,使得 IT 技术和 CT 技术的融合成为可能,为通信功能的软件化提供了技术支撑。呼叫会话控制技术是统一通信的核心,基于 SIP 协议的呼叫会话控制功能为统一通信中的会话类业务提供了统一控制的机制,此外,还有统一通信所集成的众多通信方式所涉及的多媒体通信技术、业务开放与通信功能服务化所涉及的 SOA 技术和 Web Service 技术等。

2.4 统一通信基本业务功能

统一通信是业务与应用整合和融合的平台,是解决企业业务系统集成,简化运行和提高效率的重要方式,因而必须具备一些基本的应用和业务功能。从统一通信的概念及各厂商的统一通信解决方案可以看出,统一通信最重要的特征就是协同,其所包含的最基本应用有即时通信、IP 语音、多媒体会议等,每一种应用整合和融合多种业务功能,如鉴权认证、即时通信、通信录、状态呈现、语音通信、即时消息、电子邮件等。

鉴权认证是任何通信系统都需要具备的功能。统一通信系统一般采用统一的身份管理机制,以便消除企业中多种应用系统、多种终端号码和编址方案对业务整合所带来的问题。统一通信用户只有在通过鉴权认证之后,才能使用统一通信所提供的各种业务和应用。

即时通信系统能够提供即时消息、通讯录和状态呈现功能,是用户体验协同通信的基础。其中,即时消息是当前网络上非常流行的实时通信方式,它通过互联网建立的网络虚拟环境,实现实时互动信息交换,极大地改变了人们的生活方式。除了能够实现一对一消息发送、消息群发、群组聊天等常用功能外,即时消息还具有定时消息发送、文件传输、用户状态通知等功能。状态呈现是协同通信的基础,它提供了用户状态的实时查询与订阅功能,通过状态呈现功能,用户可以发布自身的状态,可以查询其他用户的状态,从而根据状态选择合适的通信方式进行沟通,在用户被订阅后,当用户状态发生改变时,其变化能够被及时通知给订阅者。

IP 语音是统一通信的基本业务功能,与传统的语音通信系统不同 ,IP 语音不再以程控交换技术为技术平台,而是通过 IP 技术为基础,通过软件实现语音、传真数据和视频等多种通信功能,它除了提供最基本的音/视频呼叫之外,还提供呼叫保持、呼叫转移,呼叫等待等众多补充业务,能够与现有局域网无缝集成,能够在应用层集成电子邮件与语音信箱等应用。

2.5 统一通信的基本特征

统一通信技术的基本特征是融合、动态,开放和统一管理。

融合特性主要体现在两个方面,分别是网络侧融合和终端侧融合。网络侧融合,片面指的是统一通信系统将多种通信方式进行整合,形成一个统一的通信平台,通过该平台,用户可以很方便地使用各种通信方式;终端侧融合即固定和无线的融合,无论用户使用的是固定网络上的终端还是移动终端,都可以访问到统一通信平台所提供的服务。终端侧融合指的是在统一通信的客户端软件上集成了各种通信方式的快捷方式,用户通过一个任意终端上的软件就能发起呼叫,如通过电子邮件发起语音、视频和即时通信等。

图 2-4 为统一通信的融合特性。

图 2-4 统一通信的融合特性

动态性体现在通过统一通信平台实时呈现终端的在线状态,用户可以灵活选择不同的沟通方式,在选择了沟通方式后,各种通信方式也可以随时进行切换。例如,当用户的状态变化时,用户可以切换接入方式后,继续进行应用层面的内容交互,用户在进行即时通信的同时,可以随时发起语音、视频等呼叫,不影响当前的通信方式。图 2-5 为统一通信的灵活动态体验。

图 2-5 统一通信的灵活动态体验

开放性体现在统一通信采用开放的软件平台,该平台上融合了当前的各种通信方式,并通过开放的业务接口将通信能以服务的方式开放给第三方应用,实现与企业内部现有的业务系统集成。

图 2-6 为华为统一通信的开放架构。

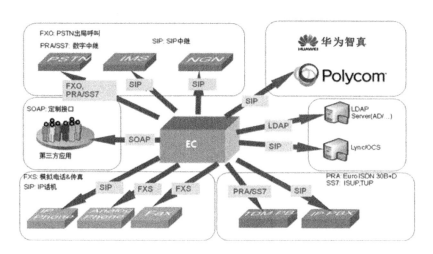

图 2-6　华为统一通信的开放架构

统一管理也是统一通信的基本特征。在统一通信中,必须实现用户号码、用户接入方式和实时状态信息等数据的统一管理。而统一通信系统也需要通过统一管理功能完成用户身份的鉴权和认证,用户状态的感知和识别。

图 2-7 为华为统一通信的统一管理系统。

图 2-7　华为统一通信的统一管理系统

2.6 建设统一通信面临的挑战

1. 从传统 TDM 平滑演进到全 IP 化协作

传统的 TDM（时分复用模式）通信已经使用了很多年，很难有新的发展，厂商也纷纷停止销售和维护这些 TDM 语音交换机，但如何平滑演进到 IP 多媒体统一通信，对企业而言，并非购置新设备这么简单，而是存在投资保护/用户体验继承等多方面问题。

2. 信息安全并简化运维工作

统一通信的安全，已经不单是语音窃听等传统隐患，由于 IP 通信的灵活性和强大的业务能力，除了安装必需的防火墙等网络安全设备外，用户更需要得到来自统一通信自身的端到端的安全防护能力，才能够安全使用和简化运维工作。

3. 有效提升业务运作效率实现 CEBP

统一通信的关键使命就是提升业务运作效率，而传统通信与企业业务流程运作（ERP、OA 等）是分离的两个领域，单纯拨打电话的语音通信、传统视频会议的简单使用，也无法释放通信的潜能。

而对于大中型企业，业务高峰处理能力和稳定性尤其重要，对业务运作的影响更大，一次处理瓶颈甚至停机，可能就是大笔的直接业务损失，更会对企业的商誉造成致命影响。

4. 构筑整体低成本优势

企业实施统一通信的主要目的之一就是要降低沟通成本，同时必须融入运营商通信网中才能实现任意号码可达，需要统一通信提供灵活智能的策略支持，确保企业在竞争的通信市场环境中能获得端到端的成本节约。

5. 满足 BYOD 移动办公需求

近年来，IT 消费化带来的 BYOD（Bring Your Own Device）移动办公已经形成了明显的趋势，在新生代中非常流行，企业在实施统一通信中必须考虑并提供支持，否则企业会部分失去新生代潜在的生产力。

第 3 章　VoIP 原理与架构

本章重点

- VoIP 的三大协议 H.232、SIP、MGCP；
- VoIP 的硬件类型。

本章难点

- 无。

本章学时数

- 建议 2 学时。

学习本章的目的和要求

- 了解 VoIP 的三大协议 H.232、SIP、MGCP；
- 掌握 VoIP 的硬件类型。

由 Voice over IP 的字面意义,可以直译为透过 IP 网络传输的语音信号或影像信号,所以 VoIP 就是一种可以在 IP 网络上互传模拟语音信号或影像信号的一种技术。简单地说,它是由一连串的转码、编码、压缩、打包等程序,让该语音数据可以在 IP 网络上传输到目的端,然后再经由相反的程序,还原成原来的语音信号以供接听者接收。

进一步来说,VoIP 大致透过 5 道程序来互传语音信号。第一道程序是将发话端的模拟语音信号进行编码的动作,目前主要是采用 ITU-T G.711 语音编码标准来转换。第二道程序则是将语音封包加以压缩,同时添加地址及控制信息,如此便可以在第三阶段中,也就是传输 IP 封包阶段,在浩瀚的 IP 网络中寻找到传送的目的端。到了目的端,IP 封包会进行译码还原的作业,最后并转换成喇叭、听筒或耳机能播放的模拟语音信号。

图 3-1 为 VoIP 信号转化过程。

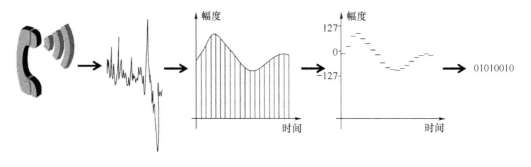

图 3-1　VoIP 信号转化过程

在一个基本的 VoIP 架构之中,大致包含 4 个基本元素。

(1) 媒体网关器(Media Gateway):主要扮演将语音信号转换成为 IP 封包的角色。

(2) 媒体网关控制器(Media Gateway Controller):又称为 Gate Keeper 或 Call Server。主要负责管理信号传输与转换的工作。

(3) 语音服务器:主要提供电话不通、占线或忙线时的语音响应服务。

(4) 信号网关器(Signaling Gateway):主要工作是在交换过程中进行相关控制,以决定通话建立与否,以及提供相关应用的增值服务。

网络电话若要走向符合企业级营运标准,必须达到以下几个基本要求。

(1) 服务品质(QoS)之保证。这是由 PSTN(Public Switched Telephone Network,公共交换电话网络)过渡到 VoIP、IP PBX 取代 PBX 的最基本要求。所谓 QoS 就是要保证达到语音传输的最低延迟率(400 ms)及封包遗失率(5%~8%),如此通话品质才能达到现今 PSTN 的基本要求及水准,否则 VoIP 的推行将成问题。

(2) 99.999 9%的高可用性(High Available,HA)。虽然网络电话已成今后的必然趋势,但与发展已久的 PSTN 相较,其成熟度、稳定度、可用性、可管理性,乃至可扩充性等方面,仍有待加强。尤其在电信级的高可用性上,VoIP 必须像现今 PSTN 一样,达到 6 个 9(99.999 9%)的基本标准。目前 VoIP 以负载平衡、路由备份等技术来解决这方面的要求及问题,总而言之,HA 是 VoIP 必须达到的目标之一。

(3) 开放性及兼容性。传统 PSTN 是属封闭式架构,但 IP 网络则属开放式架构。如今 VoIP 的最大课题之一就是如何在开放式架构下,能达到各家厂商 VoIP 产品或建设的互通与兼容,同时不造成各家产品在整合测试及验证上的困难度。目前的解决方法是透过国际电信组织不断拟定及修改的标准协议,来达到不同产品间的兼容性问题,以及 IP 电话与传统电话的互通性。

(4) 可管理性与安全性问题。电信服务包罗万象,包括用户管理、异地漫游、可靠计费系统、认证授权等,管理上非常复杂,VoIP 营运商必须要有良好的管理工具及设备才能适应。同时 IP 网络架构技术完全不同于过去的 PSTN 电路网,而且长久以来开放性的 IP 网络一直有着极其严重的安全性问题,所以这也形成网络电话今后发展上的重大障碍。

(5) 多媒体应用。与传统 PSTN 相比,网络电话今后发展上的最大特色,恐怕就在多媒体的应用上。在可预见的未来,VoIP 将可提供交互式电子商务、呼叫中心、企业传真、多媒体视频会议、智能代理等应用及服务。过去,VoIP 因为价格低廉而受到欢迎及关注,但多媒体应用才是 VoIP 今后蓬勃发展的最大促因,也是大家积极参与的最大动力。

3.1 主宰 VoIP 走向的三大主流协议

3.1.1 H.323

ITU-T 国际电联第 16 研究组首先在 1996 年通过 H.323 第一版的制定工作,并在 1998 年完成第二版协议的拟定。原则上,该协议提供了基础网络(Packet Based Networks,PBN)架构上的多媒体通信系统标准,并为 IP 网络上的多媒体通信应用提供了技术基础。

H.323 并不依赖于网络结构,而是独立于操作系统和硬件平台之上,支持多点功能、组播和频宽管理。H.323 具备相当的灵活性,可支持包含不同功能节点之间的视频会议和不同网络之间的视频会议。

H.323 并不支持群播(Multicast)协议,只能采用多点控制单元(MCU)构成多点会议,因而同时只能支持有限的多点用户。H.323 也不支持呼叫转移,且建立呼叫的时间也比较长。

早期的视频会议多半支持 H.323 协议,例如微软公司的 NetMeeting、Intel Internet Video Phone 等都是支持 H.323 协议的视频会议软件,亦为现今 VoIP 的前辈。

不过 H.323 协议本身具有一些问题,例如采用 H.323 协议的 IP 电话网络在接入端仍要经过当地的 PSTN 电路交换网。而之后制定出的 MGCP 等协议,目的即在于将 H.323 网关进行功能上的分解,也就是划分成负责媒体流处理的媒体网关(MG)及掌控呼叫建立与控制的媒体网关控制器(MGC)两个部分。

虽然如今微软公司的 Windows Mesenger 已改成 SIP 标准,且 SIP 标准逐渐具有取代 H.323 的势头。但目前仍有许多网络电话产品依旧支持 H.323 协定。

3.1.2　SIP

SIP(Session Initiation Protocol,会话初始协议)是由 IETF 所制定,其特性几乎与 H.323 相反,原则上它是一种比较简单的会话初始化协议,也就是只提供会话或呼叫的建立与控制功能。SIP 可支持多媒体会议、远程教学及 Internet 电话等领域的应用。

SIP 同时支持单点播送(Unicast)及群播功能,换句话说,使用者可以随时加入一个已存在的视频会议之中。在网络 OSI 属性上,SIP 属于应用层协议,所以可透过 UDP 或 TCP 协议进行传输。

SIP 另一个重要特点就是它属于一种基于文本的协议,采用 SIP 规则资源定位语言描述(SIP Uniform Resource Locators),因此可方便地篡改或测试作业,所以比起 H.323 来说,其灵活性与扩展性较好。

SIP 的 URL 甚至可以嵌入 Web 页面或其他超文本链接之中,用户只需用鼠标单击即可发出呼叫。所以与 H.323 相比,SIP 具备了快速建立呼叫与支持电话号码传送等特点。

3.1.3　MGCP

原则上,MGCP 与前两者皆不同,H.323 和 SIP 是专门针对网络电话及 IP 网络所提出的两套各自独立的标准,两者间并不兼容及互通。反观 MGCP,则与 IP 电话网络无关,只牵涉网关分解上的问题,也因为如此,该协议可同时适用于支持 H.323 或 SIP 的网络电话系统。

MGCP 制定的主要目的即在于将网关功能分解成负责媒体流处理的媒体网关(MG),以及掌控呼叫建立与控制的媒体网关控制器(MGC)两大部分。同时 MG 在 MGC 的控制下,实现跨网域的多媒体电信业务。

由于 MGCP 更加适应需要中央控管的通信服务模式,因此更符合电信营运商的需求。在大规模网络(如电话网)中,集中控管是件非常重要的事情,透过 MGCP 则可利用 MGC 统一处理分发不同的服务给 MG。

3.2　其他协议及技术

除了上述三大协议之外,还有许多左右 VoIP 通话品质及传输效率的重要协议与技术。在语音压缩编码技术方面,主要有 ITU-T 定义的 G.729、G.723 等技术,其中 G.729 提供了将原有 64 kbit/s PSTN 模拟语音,压缩到只有 8 kbit/s,而同时符合不失真需求的能力。

在实时传输技术方面,目前网络电话主要支持 RTP 传输协议。RTP 是一种能提供端点间语音数据实时传送的一种标准。该协议的主要工作在于提供时间标签和不同数据流同步化控制作业,收话端可以藉由 RTP 重组发话端的语音数据。除此之外,在网络传输方面,还包括 TCP、UDP、网关互联、路由选择、网络管理、安全认证及计费等相关技术。

3.3　VoIP 早期产品及设备的类型

和许多早期网络设备一样,VoIP 最早是以软件的形态问世的,也就是纯粹 PC to PC 功能的产品。为了能贴近过去传统模拟电话的使用习惯及经验,之后才渐渐有电话形态的产品出现。对于企业而言,为了追求成本、语音及网络的整合、多媒体增值功能、更方便的集中式管理,而陆续出现了 VoIP 网关、IP PBX 或其他整合型的 VoIP 设备等解决方案。以下就这几种类型的 VoIP 产品做一简单介绍。

3.3.1　VoIP 软件

VoIP 软件不但是网络电话的原始形态,更是开启免费通话新世纪到来的开路先锋。对于熟悉计算机及网络操作的人而言,只要发收双方计算机上安装 VoIP 软件,即可穿越因特网相互通话,这实在是件既神奇又方便的事。更重要的是,透过 VoIP 软件,不论是当地 PC to PC 的对话,或跨国交谈,都几乎免费,同时网上还有许多免费的 VoIP 软件提供下载,也因为如此,VoIP 才能紧紧锁住一般消费者乃至企业用户的目光。

但对于绝大多数的使用者而言,必须克服计算机软件安装及操作的门槛,还要安装耳机及麦克风,更要面对系统不稳定或宕机的可能性,所以透过 PC 来打电话不但是件麻烦事,而且是一种与既有通话习惯不符的奇怪行径。

不论如何,VoIP 软件背后所潜藏的无限商机,不但吸收了许多人的目光,同时成为 VoIP 兵家必争的焦点。从早期的视频会议软件,到实时通信软件,再到今日造成风潮的 Skype,都是明显的例子。不论是 Wintel 阵营中的微软、Intel 公司,或 Yahoo、AOL、Google、PC Home Online 等门户网站,乃至 ISP 厂商,全都铆足劲进行各种抢滩作业。

其中,许多 ISP 推出整合 VoIP 软件及 USB 话机的销售方案,例如 SEEDNet 的 Wagaly Walk 及 PC Home Online 的"PChome Touch-1"USB 话机。外形上与一般电话无异。

3.3.2　VoIP 网络电话

一般而言,VoIP 网络电话又分成有线、无线 VoIP 网络电话,以及提供影像输出的 VoIP 视频会议设备等不同类型的产品。由于 VoIP 网络电话机上具备 RJ45 网络接口,所以不需计算机主机,即可透过宽频连接 IP 网络进行通话,同时使用习惯上与传统电话一样,一般人很难分辨出其中的差异。

VoIP 网络电话较少用于个人家庭或 SOHO 市场,但却经常作为企业 VoIP 网络建设中的终端设备。但由于目前 VoIP 网络电话的价格较高,所以仍不普遍。

此外,微软公司特别在 Win CE 5.0 中新增了 VoIP 功能,除了强化与 Exchange Server 的整合性外,还提供信息整合及身份管理等功能,届时由 WinCE 开发出来的 VoIP 电话,将提供多人共享,但每人皆有私人专属账号的功能。

3.3.3 VoIP 网关器

除了 VoIP 软件之外,VoIP 网关器可以说是最常见的网络电话设备。不论是在家用或商用领域中,VoIP 网关器都扮演了由传统 PSTN 网络传输到 IP 网络的接口,换句话说,通过它既可用传统的电话设备(乃至 PBX 交换系统)来打网络电话。

3.3.4 VoIP PBX

在电信级的网络电话架构中,IP PBX 语音交换机扮演了相当重要的角色,其不但需要接替传统语音交换机的位置,还要成为语音与信息整合的媒介。IP PBX 功能强大且多样化,能通过 Web-Based 接口提供给使用者一个简易的操作环境。

在 IP 电话网络架构中,IP PBX 是一个可促使语音流量顺利传至所指定终端的设备。IP 电话将语音信号转换为 IP 封包后,由 IP PBX 通过信号控制决定其封包的传输方向。当此通话终点为一般电话时,其 IP PBX 便将 IP 封包送至 VoIP 网关器,然后由 VoIP 网关器转换 IP 封包,再回传到一般 TDM 的 PSTN 电路交换网。

总之,对于企业而言,IP PBX 具备减少基础建设成本、管理成本,增加工作效率,降低转移至 IP 电话系统的风险等优点。

第二部分

统一通信系统实训项目

第4章 统一通信设备认知

本章重点

- 统一通信设备的种类；
- 呼叫控制网关、接入网关及用户终端设备的基本功能特点及网络层次位置。

本章难点

- 呼叫控制网关与接入网关功能特点的异同。

本章学时数

- 建议 4 学时。

学习本章的目的和要求

- 了解统一通信设备的种类；
- 掌握呼叫控制网关、接入网关及用户终端设备的基本功能特点及网络层次位置。

4.1 原 理 概 述

统一通信解决方案包括终端与接入、呼叫管理、业务应用和管理维护设备。在各层结构中,丰富的系列化产品设备可以满足不同容量的需求选择。

统一通信所涉产品设备包括管理系统、业务应用系统、呼叫控制网关、接入网关、用户终端、软客户端等。下面主要介绍呼叫控制网关、接入网关和用户终端。

图 4-1 为华为统一通信所涉及的产品设备。

图 4-1 华为统一通信所涉及的产品设备

4.2 教 学 目 的

通过对华为 UC 统一通信设备 eSpace U1900 的特性和硬件基本知识的学习,让学生对 UC 统一通信设备和系统有整体的了解和学习。

4.3 实 训 器 材

- eSpace U1911 设备;
- eSpace U1960 设备;
- eSpace U1980 设备;
- eSpace U1981 设备。

4.4 学 习 要 点

- eSpace U1900 的应用场景;
- eSpace U1900 的硬件认知。

4.5 学 习 内 容

4.5.1 呼叫控制网关:eSpace U1900 系列

1. U1911

U1911 机箱为内部各组件提供一个集中放置且相互连接的空间,同时防止组件污染,保护组件免受外因导致的损毁。

(1) 外观

U1911 采用 1U(1U=44.45 mm)标准机箱,宽 442 mm、深 310 mm、高 44 mm,可安装在符合 IEC(International Electrotechnical Commission)标准的 19 英寸机柜中,其外观如图 4-2 所示。

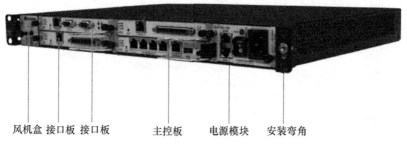

风机盒 接口板 接口板　　主控板　　电源模块　安装弯角

图 4-2　机箱外观

(2) 插槽

插槽位于机箱的正面。U1911 提供 1 个主控板插槽、3 个接口板插槽、1 个电源插槽和 1 个风机盒插槽。

- 槽位 0～2 为接口板槽位,用于安装 MTU 板、ASI 板、OSU 板或 BTU 板,支持混插。
- 槽位 3 为主控板槽位,用于安装 SCU 板。

机箱槽位分布如图 4-3 所示。

风机盒	0 (I/F)	2 (I/F)	电源
	1 (I/F)	3 (SCU)	

图 4-3　机箱槽位分布

2. U1960

(1) 外观

U1960 采用 2U 标准机箱,宽 442 mm、深 310 mm、高 86.1 mm。

机箱可安装在符合 IEC(International Electrotechnical Commission)标准的 19 英寸机柜中,其外观如图 4-4 所示。

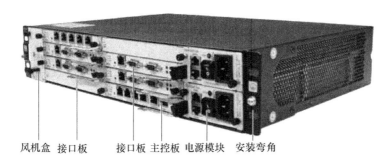

风机盒　接口板　　接口板　主控板　电源模块　安装弯角

图 4-4　机箱外观

(2) 插槽

插槽位于机箱的正面。U1960 提供 1 个主控板插槽、7 个接口板插槽、2 个电源插槽和 1 个风机盒插槽。

- 槽位 0～6 为接口板槽位,用于安装 MTU 板、ASI 板、OSU 板或 BTU 板,支持混插。
- 槽位 7 为主控板槽位,用于安装 SCU 板。

机箱槽位分布如图 4-5 所示。

风机盒	0 (I/F)	4 (I/F)	电源1
	1 (I/F)	5 (I/F)	
	2 (I/F)	6 (I/F)	电源2
	3 (I/F)	7 (SCU)	

图 4-5　机箱槽位分布

3. U1980

(1) 外观

U1980 采用 6U(1U＝44.45 mm)标准机箱,宽 436 mm、深 420 mm、高 264 mm,其前面

板如图 4-6 所示，后面板如图 4-7 所示。

指示灯
安装弯角

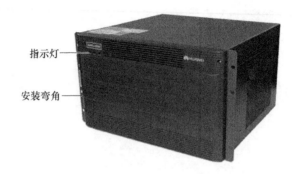

图 4-6　前面板

(2) 插槽

插槽位于机箱的背面，具体位置如图 4-8 所示。

电源开关
电源模块
风机盒
机箱插槽

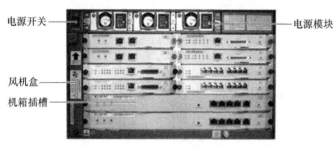

图 4-7　后面板

8 (I/F 或 MRS)	9 (I/F 或 MRS)
6 (I/F 或 MRS)	7 (I/F 或 MRS)
4 (I/F 或 MRS)	5 (I/F 或 MRS)
2 (I/F 或 MRS)	3 (I/F 或 MRS)
1 (SMCU)	
0 (SMCU)	

图 4-8　槽位分布

U1980 提供 2 个主控板插槽和 8 个接口板插槽：

- 槽位 0～1 为主控板槽位，用于安装 IP PBX-SMCU 板；
- 槽位 2～9 为接口板槽位，用于安装接口板、SC1-MRS 板，并支持混插。

4. U1981

(1) 外观

U1981 采用 2U 标准机箱，宽 442 mm、深 310 mm、高 86.1 mm。

机箱可安装在符合 IEC(International Electrotechnical Commission)标准的 19 英寸机柜中，其外观如图 4-9 所示。

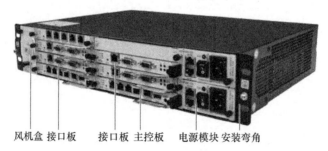

风机盒
接口板
接口板
主控板
电源模块
安装弯角

图 4-9　机箱外观

（2）插槽

插槽位于机箱的正面。U1981 提供 2 个主控板插槽、6 个接口板插槽、2 个电源插槽和 1 个风机盒插槽。

- 槽位 0～2 和 4～6 为接口板槽位，用于安装 MTU 板、ASI 板、OSU 板或 BTU 板，支持混插。
- 槽位 3 和 7 为主控板槽位，用于安装 SCU 板，支持双主控。

机箱槽位分布如图 4-10 所示。

风机盒	0（I/F）	4（I/F）	电源1
	1（I/F）	5（I/F）	
	2（I/F）	6（I/F）	电源2
	3（SCU）	7（SCU）	

图 4-10　机箱槽位分布

4.5.2　接入网关：IAD 设备

1. IAD 基础

IAD 作为 VoIP（Voice over IP）/FoIP（Fax over IP）媒体接入网关，应用于 NGN（Next Generation Network）网络或 IMS（IP Multimedia Subsystem）网络，完成模拟语音数据与 IP 数据之间的转换，并通过 IP 网络传送数据。

IAD 通过标准 MGCP（Media Gateway Control Protocol）或 SIP（Session Initiation Protocol）协议，接入 NGN/IMS 网络，在 MGC（Media Gateway Control）或 SIP Server 的控制下完成主被叫间的话路接续。

IAD 支持多种方式接入 IP 网络，如 xDSL（x Digital Subscriber Line）接入、交换机接入、GPON（Gigabit-capable Passive Optical Network）/EPON（Ethernet Passive Optical Network）接入。IAD 可以通过以下方式将集成的语音和数据信号接入 NGN 和 IMS 网络，如图 4-11 所示。

- 通过 RTU 接入 DSLAM，以 xDSL 方式接入 IP 网络。该方式主要用于成熟的 xDSL 铜线网络。
- 通过 Switch 方式接入 IP 网络，该方式广泛应用于住宅、写字楼和企业用户。
- 通过 xPON 方式接入 IP 网络，实现高速上行。该方式适用于光纤已经铺设到小区、楼道等场景。

IAD 提供丰富的语音、数据业务。

2. IAD104 硬件

IAD104 的产品外观如图 4-12 及图 4-13 所示。

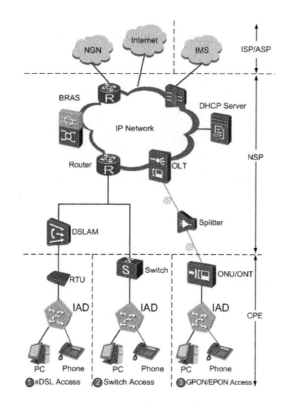

图 4-11　IAD 接入的几种方式

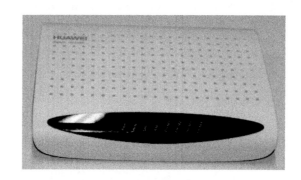

图 4-12　IAD104 正面指示灯

图 4-13　IAD104 背面接口

　　📖 **说明**:通过 IAD104 连接 POS 机时,由于网络带宽限制,连接成功率低,建议 POS 机直接连接到 SIP 服务器的模拟电话口。

3. IAD196 硬件

IAD196 采用 1U(1U＝44.45 mm)标准机箱,长 442 mm、宽 310 mm、高 43 mm,可安装在符合 IEC(International Electrotechnical Commission)标准的 19 英寸机柜中。

（1）外观

IAD196 前面板的外观如图 4-14 所示。

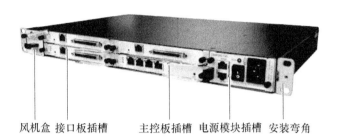

风机盒　接口板插槽　　　　主控板插槽　电源模块插槽　安装弯角

图 4-14　IAD196 前面板

（2）插槽说明

插槽位于机箱的正面,具体位置如图 4-15 所示。

IAD196 提供 1 个主控板插槽、3 个接口板插槽、1 个电源插槽和 1 个风机盒插槽。

- 槽位 3 为主控板槽位,用于安装 CVP 主控板。
- 槽位 0～2 为业务板槽位,用于安装 ASI(32FXS)用户接口板或者 OSU(12FXO & 12FXS)用户接口板。

IAD196 槽位分布如图 4-15 所示。

风机盒	0（I/F）	2（I/F）	电源
	1（I/F）	3（CVP）	

图 4-15　IAD196 槽位分布

在一般情况下,IAD196 配置 1 块主控板和 1 块业务板即可运行,其他业务板可以根据系统容量进行选配。未配置单板的空槽位,需要安装假面板。

（3）单板

IAD196 可以插入三种单板:CVP(Control & Voice Process)板、ASI(Analog Subscriber Interface)板和 OSU(FXO & FXS Unit)板。

1）CVP

CVP 板作为主控板,主要提供设备管理、呼叫控制、媒体处理、窄带交换、内外以太网交换功能。

- 面板

CVP 单板的面板如图 4-16 所示。

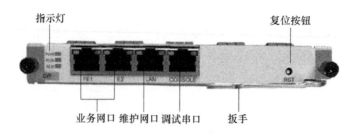

图 4-16 CVP 面板

- 接口说明

CVP 单板的面板上有 2 个业务网口、1 个维护网口和 1 个调试串口, CVP 接口主要功能说明如表 4-1 所示。

表 4-1 CVP 接口主要功能说明

名称	标识	数量	主要功能
业务网口	FE1/FE2	2	FE1 口和 FE2 口为普通网口, 功能相同, 在使用时建议优先使用 FE1 口
维护网口	LAN	1	用于设备配置和调试
调试串口	CONSOLE	1	用于单板配置和调试

- 指示灯说明

CVP 单板的面板上有 PWR、RUN 和 ALM 指示灯, 指示灯状态说明如表 4-2 所示。

表 4-2 CVP 指示灯状态说明

指示灯类型	标识	颜色	状态说明
电源指示灯	PWR	绿	• 灯常亮, 表示有电源 • 灯长灭, 表示无电源
运行指示灯	RUN	绿	• 灯闪烁(1 Hz), 表示单板正在启动中 • 灯闪烁(2 Hz), 表示系统启动或运行时, 单板写 Flash • 灯闪烁(0.5 Hz), 表示单板正常运行 • 灯长灭, 表示无电源或者单板运行失败
告警指示灯	ALM	红	• 灯闪烁(2 Hz), 表示存在告警 • 灯闪烁(4 Hz), 表示存在严重告警 • 灯长灭, 表示不存在告警

2) 业务板

业务板包括 ASI 单板和 OSU 板, 具体如下。

ASI 板即 POTS 接口板, 提供 32 路 POTS 用户接口。

请将用户线缆的 DB-68 公头插入 ASI 单板的接口,并将线缆另一端的 FXS 线对连接 POTS 电话。

OSU 板即 FXO & FXS 接口板,提供 12 路 POTS 用户接口和 12 路 FXO 用户接口。

请将用户线缆的 DB-68 公头插入 OSU 单板的接口,并将线缆另一端的 FXS 线对连接 POTS 电话,FXO 线对连接 PSTN 接口。线对颜色与端口类型以及端口号的对应关系请参见用户电缆线序。

- 面板

ASI 单板面板如图 4-17 所示。

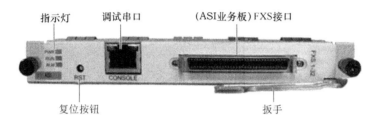

图 4-17 ASI 面板

OSU 单板面板如图 4-18 所示。

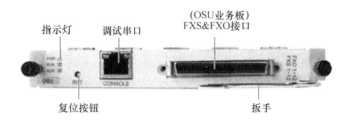

图 4-18 OSU 面板

- 接口说明

ASI 和 OSU 业务板的面板上都有 1 个维护串口和 1 个用户接口,接口主要功能说明如表 4-3 所示。

表 4-3 接口主要功能说明

名称	标识	数量	主要功能
用户接口(ASI 板)	FXS 1-32(FXS 接口)	1	用于连接 POTS 电话,共可以连接 32 个电话
用户接口(OSU 板)	• FXS 1-12(FXS 接口) • FXO 1-12(FXO 接口)	1	用于连接 POTS 电话和 PSTN,共可以连接 12 个电话和 12 个 PSTN 号码
调试串口	CONSOLE	1	该串口无配置功能,仅用于打印单板运行日志

• 指示灯说明

面板上有 3 个指示灯:PWR、RUN 和 ALM 指示灯,指示灯状态说明如表 4-4 所示。

表 4-4　指示灯状态说明

指示灯类型	标识	颜色	状态说明
电源指示灯	PWR	绿	• 灯常亮,表示有电源 • 灯长灭,表示无电源
运行指示灯	RUN	绿	• 灯闪烁(4 Hz),表示单板正在加载软件 • 灯闪烁(2 Hz),表示处于用户摘机状态 • 灯闪烁(0.5 Hz),表示单板正常运行时空闲状态 • 灯长灭,表示无电源或者单板运行失败
告警指示灯	ALM	红	• 灯闪烁(2 Hz),表示存在告警 • 灯闪烁(4 Hz),表示存在严重告警 • 灯长灭,表示不存在告警

4.5.3　用户终端:IP 话机

1. eSpace 8950

华为 eSpace 8950 是一款融合语音、视频、统一通信应用为一体的智能视频话机,提供安全、高清、简洁、流畅的视频通话体验,致力于企业协作能力提升。其提供基于双扬声器的高保真纯正音质,畅享 CD 版的通话音质体验,具有 200 万像素的可调节角度的高清摄像头,可享受更高清的视频通话体验。eSpace 8950 基于全触控用户界面,8 英寸、1 280 像素×800 像素分辨率的 IPS 高灵敏多点触摸显示屏,可实现高效率屏幕操作。

图 4-19 为华为 eSpace 8950 的外观。

图 4-19　eSpace 8950 的外观

eSpace 8950 功能特性如表 4-5 所示。

表 4-5　eSpace 8950 功能特性

类别	项目	eSpace 8950
协议	网络协议	TCP/IP、SIP、SDP、UDP、RTP、RTCP、DHCP、DNS、HTTP、HTTPS、SNTP、XCAP
音频特性	音频编解码	G.711a/G.711μ/G.729ab/G.722/iLBC/Opus,可以兼容 G.729/G.729a/G.729b
	音频特性	• DTMF:Inband/RFC2833 • AEC:回声消除 • AGC:自动增益控制 • AJB:自适应抖动缓冲 • ANR:自动噪声抑制 • CNG:舒适噪声生成 • HAC:助听器兼容 • PLC:丢包补偿 • VAD:语音活动检测 • 侧音消除 • VQM:语音质量监控 • BUZZ 消除
视频特性	摄像头	1 080 P,可调角度(相对屏幕－25°～＋15°)
	视频编解码	H.264 MP/BP
	视频分辨率	• QVGA (320 像素×240 像素) • CIF (352 像素×288 像素) • VGA (640 像素×480 像素) • 4CIF (704 像素×576 像素) • 720 P(1 280 像素×720 像素) • 1 080 P(1 920 像素×1 080 像素)
	视频展示	• 画中画(PIP) • 对方全屏 • 本地视频预览
话机特性	联系人	1 000 条,并支持联系人查询、导入、导出
	多国语言	多国语言显示:中文简体、中文繁体、英语、葡萄牙语、西班牙语、法语、阿拉伯语、匈牙利语、德语、波兰语、俄语、土耳其语 多国语言输入:中文简体、中文繁体、英语、葡萄牙语、西班牙语、法语、阿拉伯语,可安装输入法
	铃声设置	支持铃声选择,内置 24 首,并支持个性化铃声导入
	墙纸设置	支持墙纸选择,内置 20 张,并支持个性化墙纸导入
	本地语音会议	支持六方会议 支持添加、静音、删除与会人等会控操作
	视频会议	可与 UC 软客户端和智真会议终端多方视频互通
	基础语音	呼叫等待、呼叫保持、呼叫转移、呼叫前转、呼叫偏转、免打扰、高级经理秘书、呼叫驻留、指定代答、同组代答、忙灯区、区别振铃、自动回呼、语音信箱、缩位拨号、寻呼广播、寻线组、密码限呼、紧急呼叫、来电显示
	Android 系统特性	内置应用:计算器、日历、时钟、邮件、图库、浏览器、搜索

续 表

类别	项目	eSpace 8950
安全特性	信令与媒体加密	• TLS(传输层安全) • SRTP(AES 128)
	接入安全	• 802.1x (EAP-MD5) • 802.1x (EAP-TLS)
	管理安全	HTTPS
	证书安全	遵循 X.509 标准

图 4-20 为 eSpace 7900 系列的外观。

7910　　　　　　7950　　　　　　7903X

图 4-20　eSpace 7900 系列的外观

eSpace 7900 系列是全功能的多线路彩屏 IP 话机,具有出色的用户体验,包含 7910、7950 和 7903X。

最轻薄的 IP 话机,引领简洁、时尚办公桌面新潮流。

颠覆原有 IP 话机厚重的外观设计,以简洁、时尚和富于表现力的设计创新,引领 IP 话机新潮流。

对音腔进行全新思考和设计革新,成就水晶般晶莹剔透的全带高清音质,再现声音的每一个细节。

基于人体工程学设计,铸就人性化使用体验。

通过对用户使用习惯的深入研究和分析,采用了手柄曲线人性化和底座角度可调节设计,实现手柄使用舒适、视线自然聚焦。

千兆网口和彩屏设计,高性价比 IP 话机首选。

全系列配备千兆以太网口和彩屏,支持 AAC-LD 全带语音编解码,引领高带宽业务创新,成为企业高性价比终端首选。

多终端一致体验,打造跨平台卓越享受。

与华为统一通信各类客户端采用统一的设计风格和用户界面,保持一致的业务体验,轻松上手、畅快沟通。

eSpace 7900 系列 IP 话机功能特性如表 4-6 所示。

表 4-6 eSpace 7900 系列 IP 话机功能特性

类别	项目	7910	7950
协议	网络协议	TCP/IP, SIP, SDP, UDP, RTP, RTCP, DHCP, DNS, PPPoE, HTTP, HTTPS, SNTP, XCAP	
话机特性	音频编解码	G.711a, G.711μ, G.722, G.722.1, G.722.2, G.729AB, iLBC, AAC-LD	
	音频特性	DTMF:Inband/RFC2833 ACLP:抗消波 AEC:回声消除 AGC:自动增益控制 AJB:自适应抖动缓冲 ANR:自动噪声抑制 CNG:舒适噪声生成 HAC:助听器兼容 PLC:丢包补偿 VAD:语音活动检测 侧音消除 VQM:语音质量监控 BUZZ 消除	
	通话记录	已拨、已接、未接各 100 条 同时支持未接来电提醒功能	
	联系人	1 000 条,并支持联系人查询、导入、导出	
	多国语言	显示支持:中文简体、中文繁体、英语、葡萄牙语、西班牙语、法语、阿拉伯语 输入法支持:简体中文、英语、法语、葡萄牙语、西班牙语	
	铃声设置	支持默认铃声(默认 8 首铃声),并支持个性化铃声导入	
	墙纸设置	支持默认墙纸(内置 12 张墙纸),并支持个性化墙纸导入	
	本地会议	支持 6 方音频会议 支持与会方会议状态呈现 支持添加与会人、静音与会人、请出与会人等操作	
业务应用	基础语音	呼叫等待、呼叫保持、呼叫转移、呼叫前转、呼叫偏转、免打扰、高级经理秘书、呼叫驻留、指定代答、同组代答、区别振铃、语音邮箱、缩位拨号、忙灯区	
	企业通讯录	支持查询、直接拨号、添加到本地联系人功能	
	姓名、部门显示	支持来电/去电时显示对端姓名、部门、电话号码等内容	
	头像显示	支持来电/去电时显示对端头像	
	联动	支持通过 eSpace Desktop 进行通话控制和状态同步	
	通话录音	支持音频通话过程中录音 录音信息保存在服务器,话机侧支持录音功能启动、停止	
	状态呈现	支持通话记录、联系人、企业通讯录状态呈现	
	一键转接	具有业务权限的用户支持在通话过程中将通话切换至绑定的手机或话机,也可取回通话	
	立即会议	话机支持通过会议键发起立即会议	
	群组会议	话机支持选择联系人分组发起会议,邀请分组内的所有成员加入语音会议	

2. 极钛星华 IP 话机

图 4-21 为极钛星华 IP 话机的外观。

图 4-21　极钛星华 IP 电话的外观

本节所述 IP 电话终端是极钛星华型号为 Gcord 的 IP 电话。该话机后续会不定期地进行系统升级，厂商将通过微信公众号和官方微博推送升级信息，也可以在"设置-检查更新"中查看。

该话机支持手机通讯录导入 Gcord 通讯录，推荐使用话机内置的"和通讯录"，在手机端安装"和通讯录"之后，把联系人备份至"和通讯录"，在话机上登录"和通讯录"，即可实现通讯录导入。也可以使用"QQ 同步助手"。

（个人用户）主流的网络电话 APP 都可以和 Gcord 兼容，如微会、有信、爱聊等，但需要用手机号码先注册，然后在 Gcord 上登录，就可以使用 APP 实现免费拨打电话的功能了。

（企业用户）Gcord 支持 SIP 互联网电话功能，但需要用户自己下载 SIP 客户端，目前测试过 Bria 和 eyebeam 都可以在 Gcord 上正常运行。

Gcord 的内置电池容量为 5 000 mAh。在使用电池的时候，屏保状态下可使用 5 小时左右，休眠状态（不影响接打电话）可使用 18 小时左右。日常使用需常接通电源，电池仅为防掉电设计。

Gcord 内置了搜狗号码通，被标记为骚扰和诈骗、推销等电话时，来电会自动静音。可以在通话记录里查看所有来电号码。

Gcord 话机的技术参数如表 4-7 所示。

表 4-7　Gcord 话机的技术参数

显示屏	7.9 英寸多点触控 IPS 显示屏 1 024 像素×768 像素 支持手写笔和手写输入 座机 0～60°三挡可调
接口	1 个 LAN 口，10/100 MB 网口自适应 1 个 RJ11 接口 1 个 MICRO 5PIN USB 接口，支持 OTG 功能

摄像头	CMOS 图像传感器 200 万～500 万像素可选配 同步显示屏角度调节
电源适配	输入：AC 100～240 V 输出：DC 5 V/2 A 支持中规、欧规、英规、美规、澳规 内置 5 000 mAh 锂电池
容量	Flash 存储：8 GB RAM 内存：1 GB
物理规格	产品重量：1.1 kg 外形尺寸：220 mm×204 mm×40 mm
环境参数	工作温度：0 ℃～5 ℃ 工作湿度：10%～80%
认证标准	3C/RoHS/CE 符合欧洲 EMC class B 标准

4.6　思　考　题

1. 统一网关 U1911、U1960、U1981 设备尺寸分别是多少？

2. 统一网关 U1911 最大支持几个槽位？

3. 统一网关 U1960 和 U1981 最大支持几个槽位？

4. IAD196 最大支持几个槽位？主控板的型号是什么？

5. 统一通信视频电话的型号是什么？IP 电话的型号是什么？

第 5 章　IP 话机应用

本章重点

- IP 话机的基本功能；
- eSpace 7900 的基本配置。

本章难点

- 无。

本章学时数

- 建议 4 学时。

学习本章的目的和要求

- 了解 IP 话机的基本功能；
- 掌握 eSpace 7900 的基本配置。

5.1　IP 话机的原理概述

IP 话机通过统一通信网关(U1900)进行 IP 交换,实现话机间的互通。呼叫控制协议主要使用 SIP 协议或 H.323 协议。还可实现 PC to PC、PC to Phone 和 Phone to Phone 的应用。

SIP(Session Initiation Protocol)是由 IETF 提出并研究的一个在 IP 网络上进行多媒体通信的应用层控制协议。它被用来创建、修改和终结一个或多个参加者参加的会话进程。

SIP 所支持的功能:

- 基本会话;
- 多用户之间的会话;
- 交互的媒体应用。

H.323 是由 ITU 制定的通信控制协议,用于在分组交换网中提供多媒体业务。H.323 定义了如下实体。

- Gateway:介于电路交换网和分组交换网之间的 H.323 网关。
- GateKeeper:用于地址翻译和访问控制的网关。
- MCU:多点会议控制单元。
- Terminal:分组交换网络中能提供实时、双向通信的节点设备。
- MC:提供多点控制的多点会议控制器。
- MP:提供多点会议媒体流混合的多点处理器。

IP话机基本原理是：

- 首先通过语音压缩算法对语音数据进行压缩编码处理；
- 然后把语音数据按IP相关协议进行打包，经过IP网络把数据包传输到接收地；
- 最后再把这些语音数据包串起来，经过解码解压处理后，恢复成原来的语音信号，从而达到由IP网络传送语音的目的。

IP电话的应用优势有：

- 部署快速方便；
- 操作简单，提供各种功能按键；
- 号码分配不受空间限制；
- 提供开放接口，易于和服务器集成各种应用。

5.2 实训目的

通过对IP电话的网络配置、eSpace Mobile HD软件的使用要点的讲解，让学生对IP话机配置操作和eSpace Mobile HD软件终端功能有整体的了解和学习。

5.3 实训器材

- IP话机；
- eSpace Mobile HD软件；
- 计算机网络。

5.4 实训内容

- IP话机网络配置；
- eSpace Mobile HD软件使用。

5.5 实训步骤

5.5.1 IP电话配置

1. eSpace 7900系列

（1）配置IP地址

IP话机出厂时默认的获取IP地址方式为动态获取。如果企业部署了DHCP服务器，将话机上电并接入网络后，话机会自动获取一个IP地址。在IP话机LCD主界面选择"更多→网路配置→状态→网络状态"，可以查看IP话机的IP地址。

本节描述手工配置静态IP地址的方法。

① 在IP话机LCD登录界面，选择"更多→网络配置"。

② 进入"网络"界面。

③ 依次选择"IPv4 网络设置→静态"。

④ 配置 IP 地址信息,按"完成"按钮。

(2) 配置用户账号

① 以管理员账号登录 IP 话机的 Web 管理系统。

② 选择"高级→账号"。

③ 在"账号设置"区域,单击"新建账号"。

④ 填写新账号信息,"账号"和"用户名"均为 SIP 用户号码,"密码"即统一网关上配置的鉴权密码,"SIP 服务器 1"为统一网关的 IP 地址,如图 5-1 所示,单击"确定"按钮。

⑤ 在"线路匹配"区域,选择新建账号所在线路,单击"保存"按钮。

⑥ 选择"高级→服务器"。

⑦ 选择"组网方式"为"UC2.X",如图 5-2 所示,单击"保存"按钮。

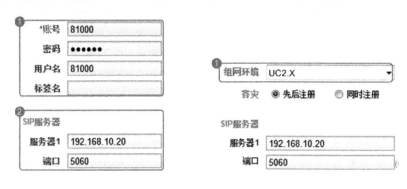

图 5-1 配置用户账号　　　　图 5-2 配置组网环境

完成操作后,系统提示修改了组网信息,需要重新启动 IP 话机。

⑧ 单击"确定"按钮。

等待 IP 话机重新启动。

⑨ 在话机 LCD 界面,使用配置的用户账号和密码登录,进入待机主界面。

2. eSpace 8950

(1) 配置 IP 地址

IP 话机出厂时默认的获取 IP 地址方式动态获取。如果企业部署了 DHCP 服务器,将话机上电并接入网络后,话机会自动获取一个 IP 地址。在 IP 话机 LCD 主界面轻按▓▓,在"应用"中轻按"设置",在"系统"中轻按"关于话机",轻按"状态",查看 IP 话机的 IP 地址。

本节描述手工配置静态 IP 地址的方法。

① 在 IP 话机 LCD 登录界面轻按▓▓,在"应用"中轻按"设置"。

② 依次选择"以太网→IPv4"。

③ 将"IPv4"获取方式设置为静态。

④ 根据规划的数据,依次填写"IP 地址""子网隐码""网关"和"DNS 服务器",轻按"确定"按钮。

(2) 配置用户账号

① 以管理员账号登录 IP 话机的 Web 管理系统。

② 选择"高级→账号"。

③ 在"账号设置"区域,单击"新建账号"。

④ 填写新账号信息,"账号"和"用户名"均为 SIP 用户号码,"密码"即统一网关上配置的鉴权密码,"SIP 服务器 1"为统一网关的 IP 地址,如图 5-3 所示,单击"确定"按钮。

⑤ 在"线路匹配"区域,选择新建账号所在线路,单击"保存"按钮。

⑥ 选择"高级→服务器"。

⑦ 选择"组网方式"为"UC2.X",如图 5-4 所示,单击"保存"按钮。

图 5-3　配置用户账号　　　　　图 5-4　配置组网环境

⑧ 单击"确定"按钮。

等待 IP 话机重新启动。

⑨ 在话机 LCD 界面,使用配置的用户账号和密码登录,进入待机主界面。

5.6　思　考　题

1. IP 话机中 IPv4 网络设置应设置为静态还是动态?

2. eSpace Mobile HD 的服务器地址应设置成哪个服务器的地址?

第 6 章　eSpace U1900 初始配置

本章重点

- IP 话机注册的基本原理；
- 统一网关的基本配置过程。

本章难点

- IP 话机注册的过程。

本章学时数

- 建议 4 学时。

学习本章的目的和要求

- 了解 IP 话机注册的基本原理；
- 掌握统一网关的基本配置过程。

6.1　eSpace U1900 的原理概述

统一网关系统包含默认 IP 地址、系统时间、工作模式及主控板网口模式，配置规划好的 IP 地址才能与终端网络进行通信。系统时间可设置为本身，也可获取 NTP 时钟服务器的时间。工作模式可设置为 PBX 是用户级程控交换机模式或 IMS IP 多媒体子系统模式。主控板网口可设置成多种工作模式。

1. 注册原理

IP 话机通过 IP 网络注册到 U1900 统一网关上。其注册原理如图 6-1 所示。

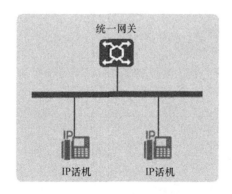

图 6-1　IP 话机的注册原理

（1）在 U1900 统一网关上分配 SIP 用户号码。

（2）IP 话机侧配置 U1900 统一网关（即 SIP 服务器）的 IP 地址和端口号，配置号码。

（3）IP 话机向 U1900 统一网关发起注册请求。

2. 注册过程

IP 话机与 U1900 统一网关注册过程如图 6-2 所示。

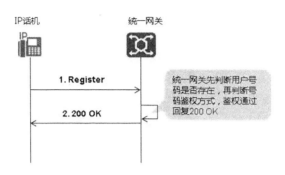

图 6-2　IP 话机注册过程解析

（1）IP 话机向 U1900 统一网关（即 SIP 服务器）发起注册请求。请求信息中包括请求注册的 SIP 用户号码、话机的 IP 地址、端口号。无论 SIP 用户号码采用何种鉴权方式，话机在第一次发起注册请求时，不携带鉴权信息，如图 6-3 所示。

图 6-3　发起注册请求

（2）U1900 统一网关根据注册请求信息到头域中的 SIP 用户号码查询主控板上存储的 SIP 用户信息中是否有这个号码：

- SIP 用户号码不存在，直接回复 404 Not Found；
- SIP 用户号码存在，建立 IP 话机号码与统一网关绑定关系。

（3）U1900 统一网关根据 SIP 用户号码配置参数判断该号码是否需要鉴权。

1）不需要鉴权

统一网关直接回复 200 OK，注册成功。该方式存在安全风险，不建议使用。

2）基于 IP 鉴权

统一网关根据注册请求消息 Contact 头域中带的话机 IP 地址与统一网关上配置的信任 IP 地址进行匹配。匹配成功，回复 200 OK，否则回复 403 Forbidden 鉴权失败。

3）基于密码鉴权

① 统一网关回复 401 Unauthorized，要求 IP 话机发送携带鉴权信息的注册请求，如图 6-4所示。

图 6-4 注册失败

② IP 话机携带鉴权信息再次发起注册请求，如图 6-5 所示。

图 6-5 再次发起注册请求

③ 统一网关根据不可逆加密算法匹配统一网关上存储的密文和 IP 话机送过来的密文是否一致。一致则通过鉴权回复 200 OK，如图 6-6 所示。否则回复 403 Forbidden 鉴权失败。话机和统一网关的密文都是由用户号码、密码、消息中的 realm 字符串、Nonce 字符串经过 MD5 算法生成的一串字符。不可逆的意思就是无法从这串字符逆向推导出密码。

图 6-6 注册成功

4）基于密码和 IP 鉴权

通过 IP 地址和密码进行双重验证。

6.2　实　训　目　的

通过本实训,让学生了解如何通过使用 Web 管理系统对 eSpace U1900 进行初始配置。

6.3　实　训　器　材

* Web 管理系统;
* eSpace U1900。

6.4　实　训　内　容

* 配置 IP 地址;
* 配置系统时间;
* 配置工作模式;
* 配置主控板网口模式。

6.5　实　训　步　骤

📖 说明:本节介绍统一网关的基本配置流程,描述数据配置的完整过程和通用方法,用于指导产品的初始配置过程,以及对配置结果的验证。

统一网关配置流程如图 6-7 所示。在配置流程中,可选配置项要根据现场实际需求配置。

📖 说明:配置前,先要检查配置入口条件,以及了解如何登录配置工具,并完成 License 加载。

* 检查配置入口条件

在配置之前,请检查一下入口条件。

* 准备配置工具

配置过程中涉及 Web 管理系统、LMT 和命令行管理工具,请先了解这三类工具的使用及功能。

* 核对电子标签

核对统一网关的电子标签与发货要求是否一致,避免出现问题。

* 加载 License

请在配置数据之前先加载 License。

本节内容是在默认上述配置准备已经就绪的情况下展开的,相关操作详见对应的指南。

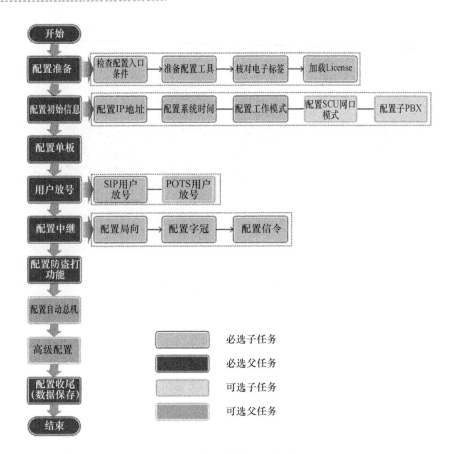

图 6-7 统一网关配置流程

6.5.1 配置 IP 地址

📖 **说明**：U1910/U1911/U1930/U1960/U1981 出厂默认对外通信 IP 地址是 192.168.1.17,U1980 出厂默认对外通信 IP 地址是 192.168.1.85,默认网关为 192.168.1.1。请根据实际数据规划进行修改。

本节以实现以下需求为例:修改统一网关本机对外通信 IP 地址为 192.168.1.3,子网掩码为 255.255.255.0,网关地址为 192.168.1.1。

操作步骤:

(1) 登录 Web 管理系统,如何登录请参见登录 Web 管理系统。

(2) 在导航栏中选择"系统管理>设备管理"。

*IP地址：	192.168.1.3
*子网掩码：	255.255.255.0
*网关地址：	192.168.1.1

图 6-8 修改本机 IP 及网关地址

(3) 单击"IP 地址"后面的"配置"按钮。

(4) 修改本机 IP 以及网关地址,如图 6-8 所示。

📖 **说明**:IP 地址和网关地址必须配置为相同网段。

（5）单击"确定"按钮。

系统弹出"修改本机 IP 会重启设备,确定需要修改本机 IP?"的提示窗口。重启统一网关后,请以修改后的 IP 地址登录统一网关。

6.5.2 配置系统时间

📖 说明:配置系统时间,包括配置日期、时间、时区和夏令时规则,从而保证数据加载的正确性,如加载 License。统一网关支持手工设置系统时间和通过 NTP 服务器同步时间。

操作步骤:

（1）手工设置时间和时区。

① 登录 Web 管理系统,选择"系统管理>时间配置"。

② 在"时间配置"页签中设置时区和本地时间,如图 6-9 所示。

③ 单击 Web 管理系统界面右上角的"数据保存"。

（2）从 NTP 服务器同步时钟。

① 登录 Web 管理系统,选择"系统管理>时间配置"。

② 在"NTP 客户端配置"页签中开启 NTP 服务,设置 NTP 服务器域名等信息,如图 6-10 所示。

图 6-9 设置系统时间和时区

图 6-10 设置 NTP 服务器

③ 单击 Web 管理系统界面右上角的"数据保存"按钮。

（3）（可选）开启 SNTP 服务

① 在 Web 管理系统中选择"系统管理>设备管理"。

② 单击"SNTP 服务"后面的"配置"按钮。

③ 选择"开启",单击"确定"按钮。

④ 单击 Web 管理系统界面右上角的"数据保存"按钮。

（4）（可选）配置夏令时规则

① 登录 LMT 配置工具的命令树配置,如何登录请参见通过 LMT 登录设备。

② 在命令树中选择"系统管理＞时间管理"。

③ 双击"配置夏令时规则"。

在命令填充区中配置规则,如图 6-11 所示。

图 6-11　配置夏令时规则

关键参数说明,如表 6-1 所示。关于参数的更完整和详细说明,请参见 LMT 联机帮助。

表 6-1　关键参数说明

参数名称	如何理解
夏令时开始时间方式	参数选项为:全选(日期和星期),date(日期),day(星期)
夏令时结束时间方式	参数选项为:全选(日期和星期),date(日期),day(星期)

④ 单击"执行"按钮。

⑤ 在命令树中双击"配置夏令时规则开关",开启或者关闭配置的夏令时规则。

在命令填充区中配置开关参数,如图 6-12 所示。

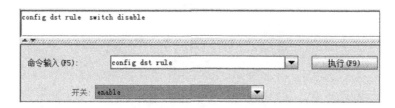

图 6-12　配置夏令时规则开关

⑥ 单击"执行"按钮。

⑦ 保存数据。

• 在命令树中选择"系统管理＞操作管理"。

• 双击"保存数据"按钮。

• 单击"执行"按钮。

6.5.3 配置工作模式

统一网关的工作模式包括"IMS"和"PBX",缺省(默认)为"PBX"模式。

1. PBX 模式

PBX 是用户级程控交换机(Private Branch Exchange),使企业可以集团性地管理外线来电与内线呼出。设置为 PBX 模式时,统一网关可以作为 IP PBX,支持基本语音通信(包括局内用户互通、基于窄带中继的互通和基于宽带中继的互通)、视频点对点通信、传真和补充业务(如语音会议业务、自动总机业务、呼叫转移业务)。

2. IMS 模式

IMS(IP Multimedia Subsystem,IP 多媒体子系统)是一种全新的多媒体业务形式,能够满足终端客户更新颖、更多样化多媒体业务的需求。设置为 IMS 模式时,统一网关可以作为接入网关,通过 SIP 中继注册到 IMS 网络,使企业用户能使用 IMS 网络提供的业务。根据具体设置,在 IMS 模式下也可以使用自身提供的业务。

📖 说明:本节以实现以下需求为例,描述工作模式配置方法。实际配置时,请根据规划进行操作。

配置工作模式为 IMS 模式,切换方式为手动。

操作步骤:

(1) 登录 Web 管理系统,如何登录请参见登录 Web 管理系统。

(2) 在导航栏中选择"系统管理>设备管理"。

(3) 单击"工作模式"后面的"配置"按钮。

(4) 配置工作模式,如图 6-13 所示。

关键参数说明如表 6-2 所示。关于参数的更完整和详细说明,请参见《Web 管理系统联机帮助》的内容。

图 6-13 配置向导

表 6-2 关键参数说明

参数名称	参数说明
选择工作模式	统一网关接入 IMS 网络,请选择 IMS 工作模式,其他情况请选择 PBX 工作模式
选择切换方式	只有在 IMS 工作模式下才可以配置"选择切换方式",切换方式包括"手动"和"自动"两种 选择"自动"的切换方式表示统一网关与 IMS 网络断开连接时,工作模式将自动切换为 PBX,和 IMS 交互的业务断开,统一网关内的业务不受影响,IMS 网络连接恢复正常时将切换到 IMS 模式 选择"手动"的切换方式表示统一网关与 IMS 网络断开连接时,工作模式将无法自动切换,需要手动配置

(5) 单击"确定"按钮。

(6) 单击 Web 管理系统界面右上角的"数据保存"按钮。

6.5.4　配置主控板网口模式

📖 **说明**：主控板 SCU(U1911/U1960/1981)和 SMCU(U1980)支持三种网口模式，分别为单网口模式、双网口模式和三网口模式。网口模式不同，则对应的各个网口处理的数据流也不同。不同网口工作模式下，各网口可处理的数据流，如表 6-3 所示。为了使传输更加安全可靠，请使用多网口模式。

表 6-3　三种网口模式应用场景

网口场景	网口 0	网口 1	网口 2
单网口模式	处理所有数据流、连接话单服务器	与网口 0 互为主备	不使用
双网口模式	处理以下管理流量，以及连接话单服务器 网管报文：Telnet/与 BMU、BMP、LMT 通信的私有协议/SSH/SNMP/FTPS/TFTP/网管服务器 协议报文：RADIUS/SNTP	处理所有业务数据流和连接话单服务器	不使用
三网口模式	处理以下管理流量，以及连接话单服务器 网管报文：Telnet/与 BMU、BMP、LMT 通信的私有协议/SSH/SNMP/FTPS/TFTP/网管服务器 协议报文：RADIUS/SNTP	处理所有业务数据流和连接话单服务器	连接话单服务器

📖 **说明**：

在双网口和三网口模式下：

- 必须通过网口 0 才能访问 Web 管理系统、LMT 命令树和命令行。
- 可以通过网口 0、网口 1 和网口 2 访问 Web 自助服务系统。
- 只能选择一个网口来连接话单服务器。

本节以实现以下需求为例，描述主控板网络模式配置方法。实际配置时，请根据数据规划进行操作。

配置网口模式为三网口模式，网口一和网口二的 IP 地址分别 192.168.1.2/24 和 192.168.8.3/24。

操作步骤：

(1) 登录 Web 管理系统，如何登录请参见登录 Web 管理系统。

(2) 在导航栏中选择"系统管理＞设备管理"。

(3) 单击"网口模式"后面的"配置"按钮。

📖 **说明**：在默认情况下，"网口模式"为单网口。

（4）配置参数如图 6-14 所示。

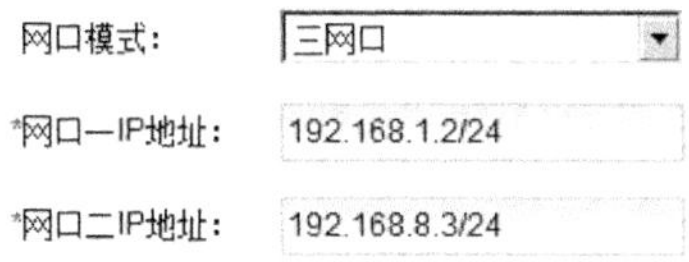

网口模式：	三网口 ▼
网口一IP地址：	192.168.1.2/24
网口二IP地址：	192.168.8.3/24

图 6-14　配置参数

当配置为双网口或者三网口模式时，要求配置的网口 0、网口 1 和网口 2 对应的 IP 地址分别属于不同的网段。

（5）单击"确定"按钮。

（6）单击 Web 管理系统界面右上角的"数据保存"按钮。

6.6　思　考　题

1. 统一通信 U1981 出厂默认 IP 地址、网关是多少？
2. NTP 的作用是什么？
3. 简述 PBX 模式和 IMS 模式的区别。
4. 单网口模式下 0 网口的功能是什么？

第 7 章　eSpace U1900 单板配置

本章重点

- 统一网关的单板功能及特点；
- 统一网关的硬件单板配置。

本章难点

- 无。

本章学时数

- 建议 4 学时。

学习本章的目的和要求

- 了解统一网关的单板功能及特点；
- 掌握统一网关的硬件单板配置。

7.1　eSpace U1900 单板配置的原理概述

统一网关 SCU 单板的主要功能提供软交换功能、对媒体控制协议进行处理、支持单网口、双网口和三网口三种工作模式、提供 L2 交换和 TDM 交换功能。图 7-1 为 SCU 面板外观。

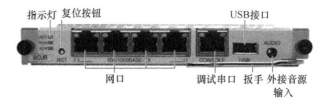

图 7-1　SCU 面板外观

统一网关 MTU 单板提供数字中继的接入，用于实现与上级局的数字中继连接，并提供收号、放音、会场、TDM 转 VoIP 功能、T.30 转 T.38 传真功能。图 7-2 为 MTU 面板外观。

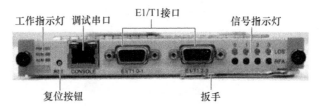

图 7-2　MTU 面板外观

统一网关 BTU 单板用于 BRI 中继的接入,用于实现与对局的中继连接。图 7-3 为 BTU 面板外观。

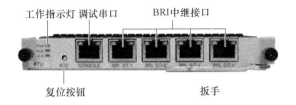

图 7-3　BTU 面板外观

统一网关 ASI 单板用于提供 POTS 电话的接入,每块单板可以提供 32 个模拟话机的接入。图 7-4 为 ASI 面板外观。

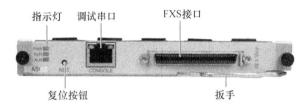

图 7-4　ASI 面板外观

统一网关 OSU 单板用于提供模拟终端和模拟中继的接入,每块单板可以提供 12 个模拟终端和 12 个模拟中继的接入。图 7-5 为 OSU 单板的面板外观。

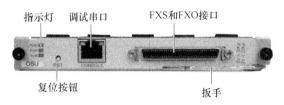

图 7-5　OSU 单板的面板外观

7.2　实 训 目 的

通过对 eSpace U1900 的硬件单板配置的操作,让学生对 eSpace U1900 设备的硬件数据配置有整体的了解和学习。

7.3　实 训 器 材

- Web 管理系统;
- eSpace U1900。

7.4　实 训 内 容

- 数据配置流程;

• 进入向导式配置界面；

• 硬件配置。

7.5 实训步骤

📖 说明：根据统一网关实际硬件配置，在 Web 管理系统中配置单板，用于支持后续的用户放号、中继配置等。

本节以实现以下需求为例，描述单板配置方法。实际配置时，请根据用户的规划进行操作。

配置 U1960 的 2 号槽位为 OSU 单板。

操作步骤：

（1）登录 Web 管理系统，如何登录请参见登录 Web 管理系统的内容。

（2）选择"系统管理＞单板配置"。

（3）单击"刷新"按钮，刷新"单板配置"页面信息。

📖 说明：配置单板时，请先单击"刷新"按钮，保证统一网关与实际的单板配置保持一致，否则后续加载配置时会出现异常。

（4）单击"Slot2"图标，在下拉框中选择"OSU Board"，如图 7-6 所示。

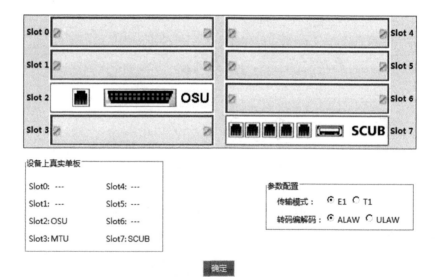

图 7-6　配置 U1960 单板

添加完毕，弹出 2 号槽添加成功的提示。

（5）单击"确定"按钮。

该单板配置过程系统直接加载单板配置信息，无须单击"确定"按钮。

📖 说明：增加 MTU 单板（U1911/U1960/U1981）时，弹出"MTU 参数配置"的配置

框,请输入"VMS 通道数"、配置"是否为会议板"参数并保存。VMS 通道数是指语音信箱业务的并发留言数,以用户购买的 License 数为准。License 许可的查看方法请参见结果验证。

(6)在"参数配置"中配置"传输模式"和"转码编解码",单击"确定"按钮。

关键参数说明如表 7-1 所示。关于参数的更完整和详细说明,请参见《Web 管理系统联机帮助》的内容。

表 7-1　关键参数说明

参数名称	参数说明
DTU 模块	数字中继模块开关。如果需要在 U1910/U1930 上配置 E1/T1 中继,请选择"开";否则,请选择"关"
传输模式	统一网关支持 E1 或 T1 模式,但不支持两种传输模式混用。PRA 和 QSIG 中继可以采用 E1 或者 T1 传输模式,其他窄带中继只可以采用 E1 传输模式
转码编解码	统一网关支持转码编解码"ALAW"或"ULAW",配置时需要和对端设备保持一致,否则会影响两个设备之间用户的通话质量 说明: 如果采用 T1 作为 PRA 或 QSIG 中继的传输模式,则需要在 CVP 单板(U1910/U1930)、MTU 单板(U1911/U1960/U1981)或者 DTU4 单板(U1980)上将 E1/T1 接口控制器上插拔跳线帽(面板后面有 8 个跳线帽)调整到 Balance 模式,否则 T1 中继不可用

"传输模式"和"转码编解码"是两个独立的参数,即在 E1 和 T1 的模式的情况都可以选择"ALAW"或"ULAW"。通常,基于 E1 线路配置中继时需要设置"转码编解码"为"ALAW",基于 T1 线路配置中继时需要设置"转码编解码"为"ULAW",具体请以局点实际情况为准。

(7)单击 Web 管理系统界面右上角的"数据保存"按钮。

7.6　思　考　题

1. U1981 支持哪几种类型的单板?
2. 简述主控板 SCU 的功能。
3. 主控板 SCU 应插入 U1981 机框的哪个槽位?

第8章 用户放号

本章重点

- 呼叫的基本概念；
- 用户放号的基本知识；
- 用户数据的基本配置过程。

本章难点

- 无。

本章学时数

- 建议 4 学时。

学习本章的目的和要求

- 了解用户放号的基本知识；
- 掌握用户数据的基本配置过程。

8.1 用户放号的原理概述

SIP 用户指通过 SIP 协议与 SIP 服务器会话，从而完成呼叫接续的用户。在统一网关中，SIP 用户设备可以是 IP 话机、eSpace 软终端、IAD 下的 POTS 话机。统一网关作为 SIP 服务器，接收 SIP 用户的注册和会话请求。

POTS 用户使用模拟电话业务，是一种窄带状的电信工具，用于传送语音呼叫，例如普通话机。

在用户放号前，需要了解呼叫的基本概念。

一个呼叫系统由两部分构成，打电话的一方为主叫，接电话的一方为被叫。主叫拨打电话号码发起呼叫，被叫接收呼叫请求，建立呼叫。

主叫与被叫通过拨打电话号码进行呼叫，电话号码分为长号和短号，长号又称 PSTN 号码，由 PSTN 侧提供给企业用户的号码，该号码能为 PSTN 识别。短号又称分机号，号码位数比普通的电话号码少，由 PBX 分配给局内用户，短号通常不能被 PSTN 识别。

现行公共电话号码方案是由国际电信联盟（ITU）定义的 E.164 编码，E.164 编码是 MSISDN 号码，其格式为：国家码＋国内目的码＋用户号码，也可表示为：国家代码＋N1N2N3＋H0H1H2H3＋ABCD，如图 8-1 所示。

图 8-1　E.164 编码

8.2　实训目的

通过对 SIP 用户放号、POST 用户放号等用户配置的操作,让学生对 eSpace U1900 的用户配置的知识和操作技能有基本的学习和掌握。

8.3　实训器材

- Web 管理系统;
- eSpace U1900;
- 用户话机。

8.4　实训内容

- SIP 用户放号;
- POST 用户放号。

8.5　实训步骤

8.5.1　SIP 用户放号

SIP 用户指通过 SIP 协议与 SIP 服务器会话,从而完成呼叫接续的用户。在统一网关中,SIP 用户设备可以是 IP 话机、eSpace 软终端、IAD 下的 POTS 话机。统一网关作为 SIP 服务器,接收 SIP 用户的注册和会话请求,统一网关与 SIP 用户组网图如图 8-2 所示。

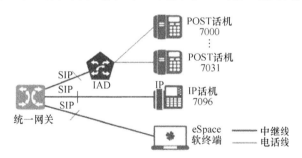

图 8-2　统一网关与 SIP 用户组网图

统一网关支持批量放号或单个放号功能。可以根据号码规划,灵活选取放号方式。当采用批量放号时,统一网关能够根据指定的起始号码、号码间隔和用户数量,一次性完成批量放号,提升工作效率。

统一网关支持 4 种用户权限级别。可以根据实际需要为不同用户配置不同的权限级别,实现对用户业务权限和呼叫权限的控制。

不同的用户权限级别对应不同的业务权限如表 8-1 所示。

表 8-1　各用户权限级别对应的业务权限

用户权限级别	业务权限
默认权限	具有本机号码查询、呼叫转移、呼叫前转、呼叫等待、缩位拨号、呼出限制、闹铃业务、主叫号码显示、修改密码、电话会议、统一接入传真邮箱、呼叫驻留、话机权限、一号通业务、免打扰和缺席用户业务权限
普通权限	在默认权限的基础上,还具有遇忙寄存呼叫、遇忙回呼、指定代答、即时会议业务权限
高级权限	在普通权限的基础上,还具有三方通话、多路呼叫、振铃业务、强插和强拆业务权限
特级权限	在高级权限的基础上,还具有特权用户业务、秘书业务和秘书台业务权限

不同的用户权限级别对应不同的呼叫权限,如表 8-2 所示。

表 8-2　各用户权限级别对应的呼叫权限

用户权限级别	本局呼叫	本地呼叫	国内长途呼叫	国际长途呼叫
默认权限	√	√	×	×
普通权限	√	√	特定时段	×
高级权限	√	√	√	特定时段
特级权限	√	√	√	√

本节以实现以下需求为例,描述 SIP 用户放号方法。实际放号时,请根据用户号码规划进行操作。

- 配置 32 个 SIP 用户,使用挂接在 IAD 下的 POTS 话机,用户号码:7000~7031。
- 配置 1 个 SIP 用户,使用 IP 话机,用户号码:7096。
- 所有 SIP 用户的用户权限级别为:默认权限,并采用密码鉴权方式。

基于以上需求的 SIP 用户放号流程,如图 8-3 所示。

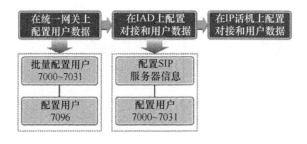

图 8-3　SIP 用户放号流程

操作步骤:

1)在统一网关上配置用户数据

(1)登录 Web 管理系统,如何登录请参见登录 Web 管理系统的内容。

(2)选择"用户管理→SIP 用户",在"SIP 用户"配置界面中单击"创建"按钮。

（3）在弹出的"创建 SIP 用户"界面中输入用户信息，如图 8-4 所示。

图 8-4　批量添加 SIP 用户

关键参数说明如表 8-3 所示。

表 8-3　关键参数说明

参数名称	参数说明
起始设备标识	当采用批量添加方式时，起始设备标识就是第一个 SIP 用户的设备标识 当采用单个添加方式时，起始设备标识就是 SIP 用户的设备标识 需要确保 SIP 用户端设置和统一网关端配置的一致性。请设备标识保持与用户号码相同，便于记忆
设备类型	对于 IP 话机、IAD 下的 POTS 话机，请选择"普通终端" 对于 eSpace 软终端，请选择"eSpace 软终端"
鉴权方式	用于配置 SIP 用户注册到统一网关时采用的鉴权方式 请 SIP 用户放号鉴权方式选择基于 IP 地址或者密码，以提高用户的账户安全性 **说明：** 除 IP 和密码鉴权外，统一网关还支持 IP 地址段鉴权。可以通过 config add addresspool index ［0-n］ startip x. x. x. x endip x. x. x. x 命令配置可信注册 IP，并在配置用户时选择 IP 地址段鉴权（只支持命令行配置）
密码	基于密码鉴权或基于密码与 IP 鉴权时，SIP 号码注册到统一网关的密码 在默认情况下密码必须为 8～31 位字符串，且必须为数字、字母和字符的两种及以上组合，密码不能与设备标识相同，也不能为设备标识的倒写 可以执行命令 config system authentication mode simple 将设备设置为弱密码模式。在弱密码模式下，密码可以为 1～31 位，无复杂度要求 **注意：** 弱密码模式下，密码存在安全风险，请谨慎设置 U1900 V200R003C20 及以后版本，该密码可以通过统一网关个人自助服务平台的"自助服务→一号通"业务下面的"修改密码"功能进行修改
用户权限级别	用户权限级别从低到高的顺序为：默认权限＜普通权限＜高级权限＜特级权限。默认为：默认权限 不同的用户权限级别对应有不同的业务权限和呼叫权限，具体对应关系请参见表 8-1、表 8-2

(4) 单击"确定"按钮。系统返回到如图 8-5 所示的"SIP 用户"界面。

	号码	设备标识	长号	设备类型	鉴权方式	IP地址	密码	用户权限级别	用户状态
□	7000	7000		普通终端	基于密码鉴权	--	******	默认权限	故障
□	7001	7001		普通终端	基于密码鉴权	--	******	默认权限	故障
□	7002	7002		普通终端	基于密码鉴权	--	******	默认权限	故障

图 8-5 SIP 用户信息

可以单选或者复选用户,然后单击"修改"按钮,可以编辑用户信息;也可以在选中用户后,单击"删除"按钮,可以删除用户。

(5) 按照图 8-6 给出的数据,添加单个用户 7096。

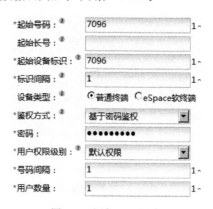

图 8-6 添加 SIP 用户

(6) 单击"确定"按钮。

系统返回"SIP 用户"界面。如需修改和删除用户,请参见图 8-5 的有关描述。

(7) 单击 Web 管理系统界面右上角的"数据保存"按钮。

2)在 IAD 上配置对接和用户数据

(1) 登录 IAD 的 Web 管理系统。

(2) 配置 SIP 服务器对接数据。

(3) 选择"SIP 业务配置＞SIP 服务器"。

(4) 按图 8-7 配置对接数据。

服务器 IP:统一网关的 IP 地址,如 192.168.10.10,具体操作时请按实际填写。其他参数,保持默认值即可。

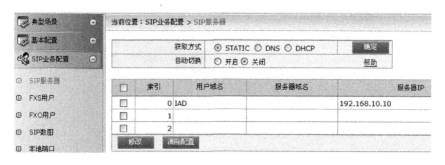

图 8-7 配置 SIP 服务器

（5）配置 IAD 用户数据。

① 选择"SIP 业务配置＞FXS 用户"。

② 按图 8-8 配置用户数据。

- "用户名"和"用户 ID"分别对应统一网关的用户号码和设备标识。
- "密码"必须与统一网关侧的配置保持一致。

图 8-8　配置 FXS 用户

3）在 IP 话机上配置对接和用户数据

以 eSpace 7910 话机为例：

（1）登录 IP 话机的 Web 管理系统。

（2）选择"高级＞服务器"，将"组网环境"设置为"UC2.X"，单击"保存"按钮。

（3）选择"高级＞配置向导"。

系统显示"配置向导＞网络"界面。

（4）单击"下一步"按钮。

系统显示"配置向导＞服务器设置"界面。

（5）配置 SIP 服务器和端口号如图 8-9 所示。

（6）单击"下一步"按钮。

系统显示"配置向导＞账号设置"界面。

（7）配置话机账号、用户名和密码，如图 8-10 所示。

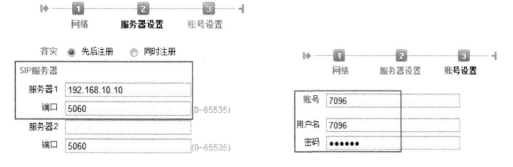

图 8-9　配置 SIP 服务器　　　　图 8-10　配置话机账号

关键参数说明如表 8-4 所示。

表 8-4 关键参数说明

参数名称	参数说明
账号	SIP 服务器电话用户用于验证的 ID,对应统一网关 SIP 用户的设备标识
用户名	用户账号信息,由 VoIP 服务提供商提供,通常与电话号码形式相似或者就是实际的电话号码,对应统一网关的用户号码
密码	IP 话机注册到 SIP 服务器上的密码,对应统一网关上 SIP 用户的鉴权密码 U1900 V200R003C20 及以后版本,该密码可以在统一网关个人自助服务平台的"自助服务＞一号通"业务下面修改
服务器 1	SIP 服务器的 IP 地址,这里指的是统一网关的 IP 地址
端口	SIP 服务器的端口号 说明: 如果"传输方式"选择"TLS"方式,该端口默认值为"5061" 如果"传输方式"选择"UDP"或者"TCP"方式,该端口默认值为"5060"

(8)单击"保存"按钮。

8.5.2 POTS 用户放号

在组网中 POTS 话机通过模拟电话线直接连接并注册到统一网关,如图 8-11 所示。

—— 模拟电话线

图 8-11 统一网关与 POTS 用户组网图

统一网关支持批量放号和单个放号功能。可以根据号码规划,灵活选取放号方式。当采用批量放号时,能够根据指定的起始号码和用户数量,一次性完成批量放号,提升工作效率。

统一网关支持 4 种用户权限级别。可以根据实际需要为不同用户配置不同的权限级别,实现对用户业务权限和呼叫权限的控制。

不同的用户权限级别对应不同的业务权限,如表 8-5 所示。

表 8-5 各用户权限级别对应的业务权限

用户权限级别	业务权限
默认权限	具有本机号码查询、呼叫转移、呼叫前转、呼叫等待、缩位拨号、呼出限制、闹铃业务、主叫号码显示、修改密码、电话会议、统一接入传真邮箱、呼叫驻留、话机权限、一号通业务、免打扰和缺席用户业务权限
普通权限	在默认权限的基础上,还具有遇忙寄存呼叫、遇忙回呼、指定代答、即时会议业务权限
高级权限	在普通权限的基础上,还具有三方通话、多路呼叫、振铃业务、强插和强拆业务权限
特级权限	在高级权限的基础上,还具有特权用户业务、振铃业务、秘书业务和秘书台业务权限

不同的用户权限级别对应不同的呼叫权限,如表 8-6 所示。

表 8-6 各用户权限级别对应的呼叫权限

用户权限级别	本局呼叫	本地呼叫	国内长途呼叫	国际长途呼叫
默认权限	√	√	×	×
普通权限	√	√	特定时段	×
高级权限	√	√	√	特定时段
特级权限	√	√	√	√

本节以实现以下需求为例:

为统一网关的 0 号槽位的"OSU"单板分配 12 个用户号码,起始号码为 9000,并为用户号码为 9000~9011 的 12 个用户分配 68909000~68909011 的长号,长号由运营商提供。

操作步骤:

(1) 登录 Web 管理系统,如何登录请参见登录 Web 管理系统。

(2) 选择"用户管理>POTS 用户",在"POTS 用户"配置界面中单击"创建"按钮。

(3) 在弹出的"创建 POTS 用户"界面中输入用户信息,如图 8-12 所示。

图 8-12 创建 POTS 用户

关键参数说明如表 8-7 所示。关于参数的更完整和详细说明,请参见《Web 管理系统联机帮助》的内容。

表 8-7 关键参数说明

参数名称	参数说明
槽号	POTS 话机连接的 OSU 或者 ASI 单板所在的槽位号 取值范围:0~2 之间的整数
用户权限级别	用户权限级别从低到高的顺序为:默认权限<普通权限<高级权限<特级权限。默认值:默认权限 不同的用户权限级别对应有不同的业务权限和呼叫权限,具体对应关系请参见表 8-1 和表 8-2
起始端口号	POTS 用户通过用户电缆接入 OSU 或者 ASI 单板,该编号为电缆对应的 FXS 口端口号

参数名称	参数说明
代理注册标识	集中式呼叫管理组网中的本地节点 POTS 用户对应到主节点上的代理注册用户 默认值和 POTS 用户号码相同
代理注册密码	集中式呼叫管理组网中的本地节点 POTS 用户对应到主节点上的代理注册密码 如果主节点配置代理注册用户时没有配置鉴权信息,可以不设置密码
媒体流加密	是否对通话进行媒体流加密。用户开通此项服务后,可防止通话过程被监听,保证通话内容的保密性

（4）单击"确定"按钮。返回"POTS 用户"配置界面。

可以单选或者复选用户,然后单击"修改"按钮,可以编辑用户信息;也可以在选中用户后,单击"删除"按钮,可以删除用户。

（5）单击 Web 管理系统界面右上角的"数据保存"按钮。

8.6　思　考　题

1. 统一网关支持哪几种类型的号码?
2. 默认权限用户可使用哪些业务?
3. 用户鉴权方式支持哪几种鉴权?
4. OSU 单板最大支持多少个用户号码?

第 9 章　中继配置

本章重点

- 字冠、局向、路由等的基本概念;
- 中继的种类;
- 局向配置的基本过程;
- 字冠配置的基本过程。

本章难点

- 无。

本章学时数

- 建议 4 学时。

学习本章的目的和要求

- 了解字冠、局向、路由等的基本概念;
- 掌握局向配置、字冠配置的方法过程。

9.1　中断配置的原理概述

被叫号码通过其前缀字冠来确定呼叫的业务类别、业务属性、路由选择等属性,业务类别如图 9-1 所示。

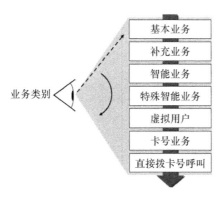

图 9-1　业务类别

字冠既可以是被叫号码的前一位或前几位号码,也可以是被叫号码的全部号码,也就是说,字冠是被叫号码的一个子集。

基本业务字冠分为两种:局内字冠和出局字冠。

系统按照最大匹配的原则进行被叫号码分析。

例如用户拨打被叫号码"28970139",如果被叫号码分析表中配置了 2、289 和 28970 的呼叫字冠记录,则根据最大匹配的原则,系统将选择与该被叫号码最接近的呼叫字冠"28970"相匹配。

如果局外用户为"12345678",局内用户若要通过拨打"912345678"呼叫该局外用户,则需配置一个出局字冠 9(对应号码转换为删除被叫号码第 1 位)。

如果两个交换局之间存在直达话路,则称一个交换局是另一个交换局的一个局向。例如,在图 9-2 中,A 局与 B 局、A 局与 C 局之间均存在直达话路,则称 B 局是 A 局的一个局向,C 局也是 A 局的一个局向;而 A 局与 D 局之间由于没有直达话路,因此 D 局不是 A 局的一个局向。

U1900 使用局向号来唯一标识一个局向,例如,对于图 9-2 中的 A 局而言,可将 A→B 的局向定义为 1,而将 A→C 的局向定义为 2。

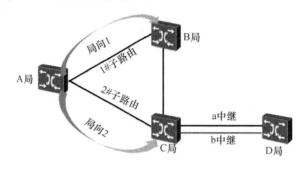

图 9-2　局向标识

如果两个交换局之间存在直达话路或迂回话路,则称两个交换局之间存在一条子路由,其中,直达话路构成直达子路由,迂回话路构成迂回子路由。例如,在图中,A 局与 B 局之间存在两条子路由,其中,1♯子路由可以由 A 局直达 B 局,中间不需要汇接,为直达子路由;而 2♯子路由不能由 A 局直达 B 局,需要由 C 局汇接至 B 局,为迂回子路由。

路由是本交换局与某一目的交换局之间所有子路由的集合,一个路由可以包含多个子路由,不同的路由可能包含相同的子路由。例如,在图 9-2 中,A 局到 B 局的路由包含 1♯号子路由与 2♯号子路由,而 A 局到 D 局的路由则仅包含 2♯号子路由。

局向的选择策略通过局向选择码定义,如图 9-3 所示。U1900 统一网关根据选择策略分析一次用户呼叫传送到对端设备所经的路由。

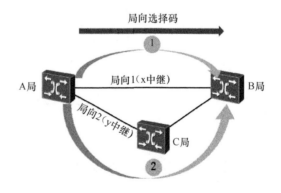

图 9-3　局向选择码

如果 A 局和 B 局通过 x 和 y 两种中继对接,可以针对不同的中继配置不同的局向号和策略,A 局和 B 局根据不同的策略选择 x 中继还是 y 中继进行智能路由。

中继(Relay)是两个交换局之间的一条传输通路。中继线是承载多条逻辑链路的一条物理连接。中继包含模拟中继、数字中继和 IP 中继。

图 9-4 为信令在 U1900 中的应用。

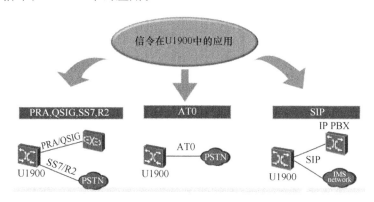

图 9-4　信令在 U1900 中的应用

SIP 中继是一种基于 IP 的分组中继,采用以太网线与对端设备对接,与电路中继定义的物理通道不同,SIP 中继定义的是一个逻辑通道。SIP 中继用于解决本局与对端局之间的互通认证与呼叫寻址问题。

PRA(Primary Rate Adaptation)中继是一种数字电路中继,采用 E1/T1 中继线与对端设备对接。PRA 中继采用 DSS1(Digital Subscriber Signaling No. 1)信令作为控制信令,DSS1 信令基于网络侧/用户侧的模型设计,即中继的其中一侧为网络侧,另一侧必须为用户侧。

R2 中继是一种数字电路中继,采用 E1 中继线与对端设备对接。R2 中继采用 R2 信令作为局间信令。R2 信令是一种 CAS(Channel Associated Signaling),即随路信令。R2 信令由 ITU-T Q.400-Q.490 定义,由于各个国家或地区都有自己的实现方式,R2 信令在世界各国存在着多个版本,某些版本的随路信令与标准 R2 信令之间还存在着很大的差别。

SS7 中继采用七号信令作为局间信令。采用 E1 中继线与对端设备对接。由于七号信令中的 ISUP(ISDN User Part)与 TUP(Telephone User Part)协议均可用于控制局间中继电路,SS7 中继又可分为 ISUP 中继与 TUP 中继。采用哪种中继与对端设备对接,需要和对端设备协商。

AT0 中继是一种模拟电路中继,采用模拟用户线与对端设备对接,主要用于实现 PBX 的 DDI 拨入功能。AT0 模拟中继又称环路中继,AT0 中继最大特点是可以利用对局用户线作为本局设备的中继线,本局设备可以等效为模拟用户。对局用户线数目,决定本局 AT0 中继数目。AT0 中继可设置为出中继、入中继、双向中继。

9.2　实训目的

通过局向配置、字冠配置的操作,让学生加深中继配置的学习和理解,同时掌握 eSpace U1900 中继配置的操作技能。

9.3　实训器材

- Web 管理系统；
- eSpace U1900。

9.4　实训内容

- 局向配置；
- 字冠配置。

9.5　实训步骤

9.5.1　局向配置

如图 9-5 所示的网络,通过分析 A 局到 B 局的路由了解局向、路由、局向选择码的概念。

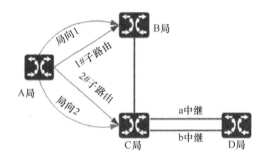

图 9-5　组网示意图

- 局向:如果两个交换局之间存在直达话路,则称一个交换局是另一个交换局的一个局向。例如,在图 9-5 中,A 局与 B 局、A 局与 C 局之间均存在直达话路,则称 B 局是 A 局的一个局向、C 局也是 A 局的一个局向;而 A 局与 D 局之间由于没有直达话路,因此 D 局不是 A 局的一个局向。eSpace U1900 使用局向号来唯一标识一个局向,例如,对于图 9-5 的 A 局而言,可将 A→B 的局向定义为 1,而将 A→C 的局向定义为 2。
- 子路由:如果两个交换局之间存在直达话路或迂回话路,则称两个交换局之间存在一条子路由,其中,直达话路构成直达子路由,迂回话路构成迂回子路由。例如,在图 9-5 中,A 局与 B 局之间存在两条子路由,其中,1♯号子路由可以由 A 局直达 B 局,中间不需要汇接,为直达子路由;而 2♯号子路由不能由 A 局直达 B 局,需要由 C 局汇接至 B 局,为迂回子路由。
- 路由:路由是本交换局与某一目的交换局之间所有子路由的集合,一个路由可以包含多个子路由,不同的路由可能包含相同的子路由。例如,在图 9-5 中,A 局到 B 局的路由包含1♯号子路由与2♯号子路由,而A局到D局的路由则仅包含2♯号子路由。

- 局向选择码:局向选择码定义了一种局向选择策略,eSpace U1900根据选择策略分析一次用户呼叫传送到对端设备所经的路由。
- 局向选择策略:如果C局和D局通过a和b两种中继对接,可以针对不同的中继配置不同的局向号和策略,C局和D局根据不同的策略选择a中继还是b中继进行智能路由。具体配置请参见配置智能路由的介绍。
- 失败处理索引:如果配置b中继作为a的备用中继,当a中继路由失败时,可以选择b中继继续通信。

操作步骤:

(1) 登录Web管理系统。

(2) 选择"中继管理→局向配置"。

(3) 配置局向选择码和局向。

① 在配置局向界面,单击"局向选择码"按钮。

② 单击"创建"按钮,输入"局向选择码"。

配置局向选择码如图9-6所示。

图 9-6　创建局向选择码

关键参数说明如表9-1所示。关于参数的更完整和详细说明,请参见《Web管理系统联机帮助》的内容。

表 9-1　关键参数说明

参数名称	参数说明
局向选择策略	定义了路由选择策略,以达到费用最低、负载均衡和负荷分担等目的,默认值为"None"
失败处理索引	用于指定与局向选择策略相应的路由失败处理策略。比如当主用局向选择码的策略路由失败时,为统一网关提供备用局向选择码的策略进行呼叫接续。默认值为"None"
是否放二次拨号音	用户进行出局呼叫时,若选择该局向选择码的局向出局,在拨完出局字冠后能否听二次拨号音。默认值为"None"

③ 单击"确定"按钮。

④ 在"局向配置"界面单击"局向"按钮。

⑤ 单击"创建"按钮。

⑥ 输入"局向号",选择"局向选择码"和"媒体流加密",如图9-7所示。

图 9-7 创建局向

📖 说明：

- 请配置"局向号"和"局向选择码"时保持一一对应。如果多个局向号和一个局向选择码绑定，在添加重路由分析时，局向选择码下所有局向号数据记录都会添加到统一网关的路由表中，可能导致统一网关满配。
- "媒体流加密"是对 RTP 媒体流进行加密，防止被窃听，保证用户的安全性。

⑦ 单击"确定"按钮。

⑧ 单击 Web 管理系统界面右上角的"数据保存"按钮。

9.5.2 字冠配置

字冠是被叫号码的前缀，是被叫号码中从第一位开始且连续的一串号码，它既可以是被叫号码的前一位或前几位号码，也可以是被叫号码的全部号码，也就是说，字冠是被叫号码的一个子集。例如，对于被叫用户 1234，可以定义其局内呼叫字冠为以下任何形式。

- 字冠为前一位号码：1。
- 字冠为前二位号码：12。
- 字冠为前三位号码：123。
- 字冠为全部被叫号码：1234。

用户在统一网关上配置的字冠集合组成了系统的被叫号码分析表。如果在同一张被叫号码分析表中同时存在上述几条字冠记录，则系统进行被叫号码分析时，将按照最大匹配的原则进行分析。

如果用户拨的被叫号码为"1234"，如果被叫号码分析中配置了 1、12 和 1234 的呼叫字冠记录，则根据最大匹配的原则，系统将选择与该被叫号码最相近的呼叫字冠"1234"相匹配，而呼叫字冠"1"与"12"均不符合该匹配原则。

基本业务字冠分为两种。

（1）局内字冠：局内字冠用于局内、外用户呼叫局内用户。例如局内号码范围是 7000～7099，可以配置一个局内字冠 7，当呼叫局内用户时，只需要拨打该用户的号码如 7001。

（2）出局字冠：出局字冠用于局内用户进行出局呼叫，如 PSTN、国内长途和国际长途等。例如，局外用户为"12345678"，局内用户"7000"呼叫该局外用户，有以下两种情况：

① 不涉及号码变化，如图 9-8 所示。

② 涉及号码变换，具体配置方法，请参见配置号码变换的介绍。假设号码变换为删除被叫号码的第一位 9，在主叫号码前插入 5，如图 9-9 所示。

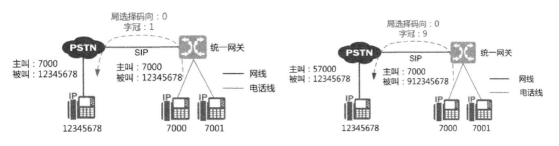

图 9-8　不涉及号码变换组网　　　　　图 9-9　涉及号码变换组网

本节以实现以下需求为例,描述字冠配置的方法。

- 增加局内字冠 7,"业务类型"为"基本业务"。
- 增加出局字冠 9,局向选择码 0,"业务类型"为"基本业务","呼叫属性"为"本地呼叫"。

操作步骤:

(1) 配置局内字冠

① 登录 Web 管理系统。

② 选择"中继管理＞字冠配置",在字冠配置界面中,单击"创建"按钮。

③ 在"创建字冠"对话框中配置字冠,如图 9-10 所示。

图 9-10　配置局内字冠

关键参数说明如表 9-2 所示。关于参数的更完整和详细说明,请参见《Web 管理系统联机帮助》的内容。

表 9-2 关键参数说明

参数名称	参数说明
业务类型	基本业务 用于局内呼叫、本地呼叫等基本语音业务 补充业务 用于修改或补充基本语音业务的业务 智能业务 用于普通智能业务,暂时未使用 话务台业务 用于话务台呼叫等待和呼叫话务台组等特殊智能业务 虚拟用户 用于电话会议、自动总机、自定义 VU 等虚拟用户业务 卡号业务 用于呼叫、充值、密码修改、余额查询、终端绑定、预付费、后付费等功能 直接拨卡号呼叫 用于局内呼叫、本地呼叫、国内长途、国际长途和紧急呼叫等功能
呼叫属性	局内呼叫 同一个统一网关下的用户之间的呼叫 本地呼叫 除了局内呼叫,其他呼叫字冠配置选择该属性 国内长途呼叫 配置的字冠具有国内长途属性,选择该呼叫属性 国际长途呼叫 配置的字冠具有国际长途属性,选择该呼叫属性 紧急呼叫 需要配置紧急呼叫时(如 119、110 等),选择该呼叫属性 局内或本地呼叫 局内短号与本地市话前几位号码重叠,则需要配置该呼叫属性的字冠 该呼叫属性路由呼叫时先选择局内用户,局内用户选择失败再选择局外本地用户 根据号长路由 当不同出局的拨号方式的字冠相同,但号长不同时,选择该呼叫属性 本地再生呼叫 在集中式呼叫管理组网的本地再生场景中,主备节点设备都发生故障时,本地节点将处理局内用户和本地 PSTN 的通话请求,需要将该字冠属性配置成"本地再生呼叫"
主叫号码变换	对主叫用户的号码进行的变换。主要用于具有特殊要求的应用场合,例如局内用户出局显示同一个总机号码 三种号码转换方式中的优先级为:长短号＞号码映射＞号码变换

续 表

参数名称	参数说明
主叫号码映射	配置了主叫号码映射的用户,在没有配置长号的情况下,对外显示为映射后的号码 三种号码转换方式中的优先级为:长短号＞号码映射＞号码变换
被叫号码变换	对被叫用户的号码进行的变换。例如,主叫用户拨打"812345678",统一网关将出局字冠"8"删除,然后将真正的被叫号码"12345678"送出 三种号码转换方式中的优先级为:长短号＞号码映射＞号码变换
被叫号码映射	配置了被叫号码映射的用户,在没有配置长号的情况下,对外显示为映射后的号码 三种号码转换方式中的优先级为:长短号＞号码映射＞号码变换
是否显示主叫长号	长号是为短号用户配置的用于出局时显示或局外用户直接呼叫的号码 三种号码转换方式中的优先级为:长短号＞号码映射＞号码变换 参数默认为"No"。当参数设置为"Yes"且用户已经设置长号号码,则出局呼叫时,主叫号码转换为长号出局
是否允许中继接入	是否允许中继用户呼叫该字冠 当参数设置为"否"时,中继用户无法呼叫该字冠开头的号码
用户被叫号码类型	局内用户通过该字冠呼叫出局时传给 PSTN 的被叫号码类型
用户主叫号码类型	局内用户通过该字冠呼叫出局时传给 PSTN 的主叫号码类型
是否改变中继被叫号码类型	通过该字冠汇接呼叫出局时是否改变被叫号码类型
中继被叫号码类型	通过该字冠汇接呼叫出局时传给 PSTN 的被叫号码类型
是否改变中继主叫号码类型	通过该字冠汇接呼叫出局时是否改变主叫号码类型
中继被叫号码类型	通过该字冠汇接呼叫出局时传给 PSTN 的被叫号码类型
32 级自定义权限	是在 4 种基本呼叫权限基础上扩展出来的 32 种用户自定义的权限,可以和呼叫字冠权限配合,限制指定的用户通话 例如出局字冠 9 配置了 32 级自定义属性 cus1,给用户 7000 的呼出权限也配置了 cus1 权限,那么只有用 7000 可以通过字冠 9 出局

④ 单击"确定"按钮。

（2）配置出局字冠

① 在字冠配置界面中,单击"创建"按钮。

② 在"创建字冠"对话框中配置字冠,如图 9-11 所示。

③ 单击"确定"按钮。

④ 单击 Web 管理系统界面右上角的"数据保存"按钮。

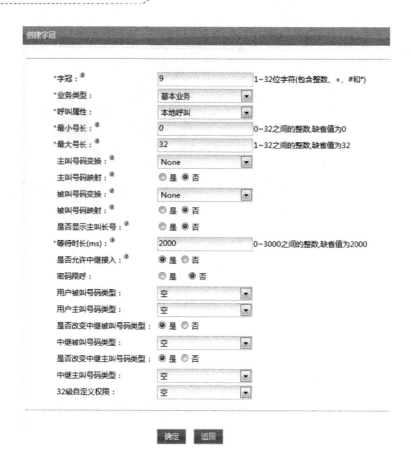

图 9-11 配置出局字冠

9.6 思 考 题

1. 简述什么是局向？
2. 基本业务字冠主要分为哪两种？
3. 中继包含哪三种类型？

第 10 章 信令配置

本章重点

- 信令配置基础知识；
- SIP 信令配置、PRA 信令配置、SS7 信令配置。

本章难点

- 无。

本章学时数

- 建议 4 学时。

学习本章的目的和要求

- 了解信令配置的基础知识；
- 掌握 SIP 信令配置、PRA 信令配置、SS7 信令配置的方法。

10.1 信令配置的原理概述

SIP 中继是一种分组中继，基于 IP 承载，采用以太网线与对端设备对接。它与电路中继定义的物理通道不同，SIP 中继定义的是一个逻辑通道，主要用于解决本局与对端局之间的互通认证与呼叫寻址问题。传输协议分为 UDP、TCP、TLS 三种。

（1）UDP 是一种无连接的传输层协议，提供面向事务的简单不可靠信息传送服务。采用 UDP 协议传输数据时，每个数据段都是一个独立的信息，包括完整的源地址和目的地。但因为 UDP 协议是一个不可靠的协议，数据能否到达目的地，以及到达目的地的时间和内容的完整性都不能保证。

（2）TCP 是一种面向连接的保证传输的协议，在传输数据流前，双方要先建立一条虚拟的通道。

（3）TLS 是一种安全的传输协议，用于在两个通信应用程序之间提供保密性和数据完整性。如果通过"TLS"传输协议对接时，要确保对接双方具有相同的"用户证书""用户私钥"和"根证书"。

PRA（Primary Rate Adaptation）中继是一种数字电路中继，采用 E1/T1 中继线与对端设备对接。它采用 DSS1（Digital Subscriber Signaling No. 1）信令作为控制信令，DSS1 信令基于网络侧/用户侧的模型设计，即中继的其中一侧为网络侧，另一侧必须为用户侧。

SS7 中继采用 No. 7 信令作为局间信令。由于 No. 7 信令中的 ISUP（ISDN User Part）

与 TUP(Telephone User Part)协议均可用于控制局间中继电路,SS7 中继又可分为 ISUP 中继与 TUP 中继。采用 E1 中继线与对端设备对接。

10.2　实训目的

通过对 SIP 中继、PRA 中继、SS7 中继的配置操作,让学生整体了解和学习各种信令格式的基本知识及配置要点,并掌握 eSpace U1900 设备中信令配置的操作技能。

10.3　实训器材

- Web 管理系统;
- eSpace U1900。

10.4　实训内容

- SIP 中继配置;
- PRA 中继配置;
- SS7 中继配置。

10.5　实训步骤

10.5.1　SIP 中继配置

📖 说明:SIP 中继是一种分组中继,基于 IP 承载,采用以太网线与对端设备对接。它与电路中继定义的物理通道不同,SIP 中继定义的是一个逻辑通道,主要用于解决本局与对端局之间的互通认证与呼叫寻址问题。

eSpace U1900 最多支持配置 2000 路 SIP 中继。

本节以实现以下需求为例:配置 SIP 中继的局向号为 0,对局设备域名为 pbx1,IP 地址为 172.16.15.87,中继所承载的最大呼叫路数为 100。

操作步骤:

(1) 登录 Web 管理系统,如何登录请参见登录 Web 管理系统的内容。

(2) 选择"中继管理>中继配置>SIP"。

(3) 在 SIP 中继配置框中单击"增加对局"。

界面上显示"point:0"的蓝色图标(代表对局设备)。

(4) 单击"point:0"或者"point:0"与本局的连线,根据实际组网情况和界面提示设置各参数的值,如图 10-1 所示。

图 10-1　配置 SIP 中继

关键参数说明如表 10-1 所示。关于参数的更完整和详细说明，请参见《Web 管理系统联机帮助》的内容。

表 10-1　关键参数说明

参数名称	参数说明
对局设备域名	用于在本设备上唯一识别的对局设备名称，该参数必须存在且不能与本局其他设备重名
传输协议类型	传输协议分为 UDP、TCP、TLSServer 和 TLSClient **说明：** 使用 TLS 协议加密信令时，传输的两方可以分别定义为"TLSServer"和"TLSClient"，如需配置 TLS 信令加密，请参见配置信令加密
请选择局向号	选择该 SIP 中继所在局向的局向号
最大限呼数	该 SIP 中继上所允许的最大呼叫数，当该 SIP 中继上的入中继与出中继的呼叫总数超过该限制值时，系统将自动拒绝后续新的呼叫

（5）单击"确定"按钮。

完成 SIP 中继配置，本局与对局之间的连线变为绿色。

连线变绿表示参数配置成功，如果为红色则表示数据没有配置或者配置失败。

（6）单击 Web 管理系统界面右上角的"数据保存"按钮。

10.5.2　PRA 中继配置

说明：PRA（Primary Rate Adaptation）中继是一种数字电路中继，采用 E1/T1 中继线与对端设备对接。

PRA 中继采用 DSS1（Digital Subscriber Signaling No. 1）信令作为控制信令，DSS1 信令基于网络侧/用户侧的模型设计，即中继的其中一侧为网络侧，另一侧必须为用户侧。

本节以实现以下需求为例，描述配置 PRA 中继的方法。在实际配置时，请根据数据规划进行操作。

以 U1960 为例,增加一条 PRA 链路,局向为 0,链路编号为 0,使用 0 号 E1/T1 端口,链路所处位置为"用户侧"。

操作步骤:

1. 配置 PRA 中继数据

(1) 登录 Web 管理系统,如何登录请参见登录 Web 管理系统。

(2) 选择"中继管理＞中继配置＞PRA"。

📖 **说明:**在默认情况下,系统已经存在一个本局"Local"。

(3) 在 PRA 中继配置框中单击"增加对局"。

界面上显示"point:0"的蓝色图标(代表对局设备)。

(4) 单击"point:0"或者"point:0"与本局的连线。

(5) 在弹出的界面中单击"创建"按钮。

(6) 根据实际情况和界面提示设置各参数的值,如图 10-2 所示。

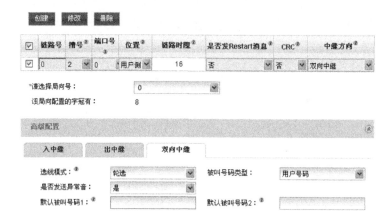

图 10-2　配置 PRA 中继

关键参数说明,如表 10-2 所示。关于参数的更完整和详细说明,请参见《Web 管理系统联机帮助》的内容。

表 10-2　关键参数说明

参数名称	参数说明
位置	指在 PRA 链路中所处的位置,包括"用户侧"和"网络侧",需要与对端进行协商,两端必须设置成不同的取值
链路时隙	信令链路的电路号,用于指定 PRA 链路在 E1/T1 中所处的时隙 传输模式为 E1 时,该参数的取值只能是 16 传输模式为 T1 时,该参数的取值范围:1～24 之间的整数
CRC	一种数据校验机制,需与对端协商并保持一致,如果对端启用了循环冗余校验,则该参数需设置为"是"
是否发送异常音	若设置为"是",挂机的时候,根据发送过来的原因码播放相应的声音 若设置为"否",挂机的时候,只能听到嘟嘟声 默认值:"是"

（7）单击"确定"按钮。

完成 PRA 中继配置,本局与对局之间的连线变为绿色。

连线变绿表示参数配置成功,如果为红色则表示数据没有配置或者配置失败。

2. 配置时钟源

📖 说明:时钟源可以使 eSpace U1900 与上级设备进行时钟同步(即 eSpace U1900 上的时钟以对端设备为准),以防出现滑帧(即语音包丢失)的现象。若 eSpace U1900 与多个设备通过 E1/T1 中继进行对接,只需配置到其中一个设备的时钟源即可,eSpace U1900 将同步该设备的时钟。若时钟以 eSpace U1900 为准,则不需要配置时钟源。

（1）选择"系统管理＞设备管理",单击"时钟源配置"后面的"配置"按钮。

如果对端设备作为时钟源,则在下拉列表中选择"对端设备",并配置具体参数。如果本端设备作为时钟源,则在下拉列表中选择"设备本身"。

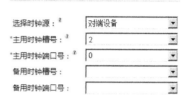

（2）根据界面提示设置各参数的值,如图 10-3 所示。

（3）单击"确定"按钮。

3. 单击"加载配置"

加载成功后,可以使用 show pralink 命令查看 PRA

图 10-3　配置时钟源

中继的状态,命令的使用请参见通过命令树配置执行单条命令的内容。若"State"显示为 OK,表明 PRA 链路正常;若显示"FAULT",说明 PRA 链路异常,请参见通过 PRA 中继呼叫失败一节的内容查找原因并排除故障。

10.5.3　SS7 中继配置(场景一)

说明:根据语音数据与信令数据是否有分流的需求,eSpace U1900 与对端设备经过 SS7(Signaling System No.7)中继对接时存在两种典型的应用场景。本节介绍了语音数据与信令数据分流时的配置方法。

SS7 中继采用 No.7 信令作为局间信令。由于 No.7 信令中的 ISUP(ISDN User Part)与 TUP(Telephone User Part)协议均可用于控制局间中继电路,SS7 中继又可分为 ISUP中继与 TUP 中继。采用 E1 中继线与对端设备对接。

eSpace U1900 最多支持配置 900 路 SS7 中继。SS7 包括 ISUP 和 TUP 两种中继,采用哪种中继与对端设备对接,需要和对端设备协商。SS7 中继对接的典型组网如图 10-4所示。

统一网关发出的信令数据必须经过信令转接点,然后由信令转接点将信令数据传送至PSTN 交换机;由统一网关发出的语音数据直接通过 E1 中继传送至 PSTN 交换机。所以语音数据和信令数据是分流的。

💡 注意:本节以实现以下需求为例,描述 SS7 中继配置方法。在实际配置时,请根据数据规划进行操作。

• 增加本局到信令转接点的数字中继电路。

- 设置 U1960 的 2 号槽位 0 号端口的数字中继电路的属性。将局向号设置为 1,信令类型设置为 ISUP,起始 CIC 设置为 0。
- 在位于 U1960 的 2 号槽位的 MTU 单板的 0 号端口添加一条 MTP 链路。
- 增加本局到目的信令点的数字中继电路。
- 设置 U1960 的 2 号槽位 1 号端口的数字中继电路的属性。将局向号设置为 2,信令类型设置为 ISUP,起始 CIC 设置为 0。

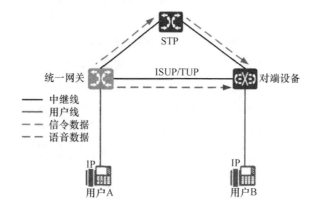

图 10-4　SS7 中继对接的典型组网

操作步骤:

(1) 登录 Web 管理系统,如何登录请参见登录 Web 管理系统。

(2) 选择“中继管理＞中继配置＞SS7”。

(3) 在 SS7 中继配置框中单击“增加本局信令点”,增加本局信令点。

(4) 增加本局信令点编码。

① 单击“Office0”图标。

② 根据界面提示设置各参数的值,如图 10-5 所示。

图 10-5　配置本局数据

③ 单击“确定”按钮。

(5) 增加信令转接点编码。

① 在 SS7 中继配置框中单击“增加目的信令点”。

② 单击“point0”图标。

③ 根据界面提示设置各参数的值,如图 10-6 所示。其中“编码”需要从对局获取。

④ 单击“确定”按钮。

图 10-6　配置信令转接点数据

（6）增加目的信令点编码。

① 在 SS7 中继配置框中单击"增加目的信令点"。

② 单击"point1"图标。

③ 根据界面提示设置各参数的值，如图 10-7 所示。其中"编码"需要与对端协商配置。

图 10-7　配置目的信令点数据

④ 单击"确定"按钮。

（7）增加本局到信令转接点的数字中继电路。

① 单击"Office0"和"point0"之间的连线。

② 分别在"配置 E1 中继"和"配置 MTP 链路"下，单击"创建"按钮，根据实际组网情况和界面提示设置各参数的值，如图 10-8 所示。

图 10-8　配置 SS7 中继

关键参数说明如表 10-3 所示。关于参数的更完整和详细说明，请参见《Web 管理系统联机帮助》的内容。

表 10-3　关键参数说明

参数名称	参数说明
信令类型	可选参数及说明如下： ISUP 定义了综合业务数字网中电路交换业务控制,包括话音业务和非话音业务控制所必须的信令消息、功能和过程 TUP 为普通电话业务提供服务的协议 默认值:"ISUP"
起始 CIC	电路识别码,用于两局对接时对电路的标识,同一条中继电路的 CIC 编码必须完全一致才能成功对接 取值范围:0~4095 之间的整数,默认值:"0"
冗余校验(CRC)	一种数据校验机制,需与对端协商并保持一致,如果对端启用了循环冗余校验,则该参数需设置为"是"
链路时隙	信令链路的电路号,用于指定 PRA 链路在 E1/T1 中所处的时隙 传输模式为 E1 时,该参数的取值只能是 16

③ 单击"确定"按钮。

④ 单击"Office0"和"point0"之间的连线,在弹出的界面中单击 　　　　　。

根据实际组网情况和界面提示设置各参数的值,如图 10-9 所示。

图 10-9　配置中继属性

⑤ 单击"确定"按钮,并在弹出的提示窗口单击"确定"按钮。

⑥ 返回 SS7 中继配置界面,单击"确定"按钮。

(8) 增加本局到目的信令点的数字中继电路。

① 单击"Office0"和"point1"之间的虚线。

② 根据实际组网情况和界面提示设置各参数的值,如图 10-10 所示。

③ 单击"确定"按钮。

④ 重新单击"Office0"和"point1"之间的虚线,在"配置"下单击 　　　　　。

根据实际组网情况和界面提示设置各参数的值,如图 10-11 所示。

⑤ 单击"确定"按钮,并在弹出的提示窗口单击"确定"按钮。

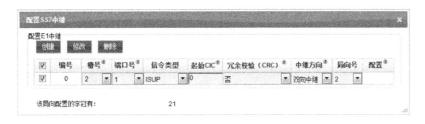

图 10-10　配置 SS7 中继

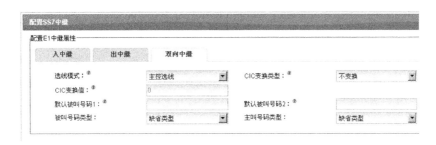

图 10-11　配置中继属性

返回 SS7 中继配置界面,如图 10-12 所示。

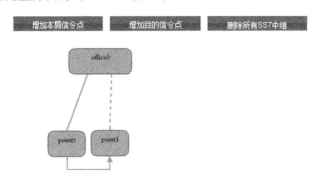

图 10-12　SS7 中继配置完成界面

完成 SS7 中继配置,本局与对局之间的连线变为绿色,表示参数配置成功。

(9) 配置时钟源。具体请参见配置时钟源。

(10) 单击 Web 管理系统界面右上角的"数据保存"按钮。

10.5.4　SS7 中继配置(场景二)

说明:根据语音数据与信令数据是否有分流的需求,eSpace U1900 与对端设备经过 SS7 (Signaling System No.7)中继对接时存在两种典型的应用场景。本节介绍了语音数据与信令数据不分流时的配置方法。

SS7 中继采用 No.7 信令作为局间信令。由于 No.7 信令中的 ISUP(ISDN User Part) 与 TUP(Telephone User Part)协议均可用于控制局间中继电路,SS7 中继又可分为 ISUP 中继与 TUP 中继。采用 E1 中继线与对端设备对接。

eSpace U1900 最多支持配置 900 路 SS7 中继。

SS7 包括 ISUP 和 TUP 两种中继,采用哪种中继与对端设备对接,需要和对端设备协商。SS7 中继对接的典型组网如图 10-13 所示。

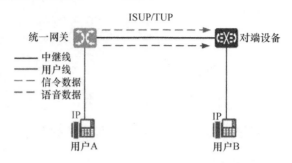

图 10-13 SS7 中继对接的典型组网

在图 10-13 所示的组网中,统一网关发出的信令数据和语音数据都通过 E1 中继线传送至 PSTN 交换机,所以语音数据和信令数据是不分流的。

注意:本节以实现以下需求为例,描述 SS7 中继配置方法。在实际配置时,请根据数据规划进行操作。

- 增加数字中继电路。
- 设置 U1960 的 2 号槽位 0 号端口的数字中继电路的属性。将局向号设置为 1,信令类型设置为 ISUP,起始 CIC 设置为 0。
- 在位于 U1960 的 2 号槽位的 MTU 单板的 0 号端口添加一条 MTP 链路。

操作步骤:

(1) 登录 Web 管理系统,如何登录请参见登录 Web 管理系统的内容。

(2) 选择"中继管理>中继配置>SS7"。

(3) 在 SS7 中继配置框中单击"增加本局信令点",增加本局信令点。

(4) 增加本局信令点编码。

① 单击"Office0"图标。

② 根据实际组网情况和界面提示设置各参数的值,如图 10-14 所示。

图 10-14 配置本局数据

③ 单击"确定"按钮。

(5) 增加目的信令点。

① 单击"增加目的信令点",增加目的信令点。

② 单击"Point0"图标。

③ 根据实际组网情况和界面提示设置各参数的值,如图 10-15 所示。其中"编码"需要从对端局点获取。

图 10-15　配置信令转接点数据

④ 单击"确定"按钮。

(6) 增加数字中继电路。

① 单击"Office0"和"Point0"之间的连线。

② 根据实际组网情况和界面提示设置各参数的值,如图 10-16 所示。

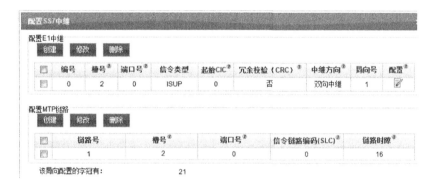

图 10-16　配置 SS7 中继

关键参数说明如表 10-4 所示。关于参数的更完整和详细说明,请参见《Web 管理系统联机帮助》的内容。

表 10-4　关键参数说明

参数名称	参数说明
信令类型	可选参数及说明如下: ISUP 定义了综合业务数字网中电路交换业务控制,包括话音业务和非话音业务控制所必须的信令消息、功能和过程 TUP 为普通电话业务提供服务的协议 默认值:"ISUP"

续 表

参数名称	参数说明
起始 CIC	电路识别码,用于两局对接时对电路的标识,同一条中继电路的 CIC 编码必须完全一致才能成功对接 取值范围:0～4 095 之间的整数,默认值:"0"
冗余校验(CRC)	一种数据校验机制,需与对端协商并保持一致,如果对端启用了循环冗余校验,则该参数需设置为"是"
链路时隙	信令链路的电路号,用于指定 PRA 链路在 E1/T1 中所处的时隙 传输模式为 E1 时,该参数的取值只能是 16

③ 单击 　　　　。

系统弹出配置 SS7 中继界面,根据实际组网情况和界面提示设置各参数的值,如图 10-17 所示。

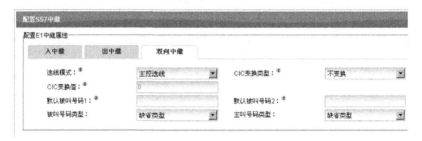

图 10-17　配置中继属性

④ 单击"确定"按钮,并在弹出的提示窗口单击"确定"按钮。

(7) 完成 SS7 中继配置,本局与对局之间的连线变为绿色,表示参数配置成功。

(8) 配置时钟源。具体请参见配置时钟源。

(9) 单击 Web 管理系统界面右上角的"数据保存"按钮。

10.6　思　考　题

1. SIP 中继基于什么承载,PRA、SS7 中继基于什么承载?

2. 配置 SIP 中继过程中,传输协议类型包含哪几种类型,是否要和对端一致?

3. PRA 中继配置过程中,链路时隙传输模式为 E1 时,链路时隙取值是多少?

4. SS7 中继又可分为哪两种中继?

第11章 业 务 配 置

本章重点
- 局内用户互通、基于窄带中继的互通和基于宽带中继的互通的基本概念；
- 语音业务配置、呼叫业务配置；
- 秘书业务、免打扰业务配置。

本章难点
- 无。

本章学时数
- 建议4学时。

学习本章的目的和要求
- 了解局内用户互通、基于窄带中继的互通和基于宽带中继的互通的基本概念；
- 掌握语音业务配置、呼叫业务配置的方法。

11.1 业务配置的原理概述

统一网关支持基本语音通信,包括局内用户互通、基于窄带中继的互通和基于宽带中继的互通。

1. **局内用户互通**

U1981统一网关局内用户可以作为主叫或被叫相互进行语音通话,用户终端可以为设备支持的各种宽窄带终端。

2. **基于窄带中继的互通**

U1981统一网关可以通过数字中继(E1/T1/BRI)或模拟中继(AT0)与传统电话网络PSTN或TDM PBX互通。局内用户可作为主叫或被叫与窄带中继对端的用户进行语音通话。

3. **基于宽带中继的互通**

U1981统一网关可以通过SIP中继与其他IP PBX或软交换系统互通,也可以通过SIP中继接入到IMS网络中。局内用户可作为主叫或者被叫与IP PBX、软交换系统或者IMS网络中的用户进行语音通话。

统一网关支持补充业务,补充业务是基本业务进行修改或者补充的业务,它不能脱离基本呼叫业务而单独向用户提供,必须与相应的基本业务一起提供。补充业务包含本机号码查询业务、主叫号码显示业务、主叫号码限制显示业务、强制显示主叫号码业务、呼叫转移、呼叫保持、呼叫预留、呼叫等待、三方通话等。

4. **本地会议原理**

本地会议是指直接使用IP话机作为会议载体实现的多方音频会议。

　　IP 话机依赖于多线路和头像显示功能,通过发起呼叫、保持呼叫和恢复呼叫功能对通话线路进行控制,结合多通道本地混音功能,实现本地会议的功能。

　　本地会议的组网结构主要由 IP 话机、模拟话机和统一网关组成,如图 11-1 所示。

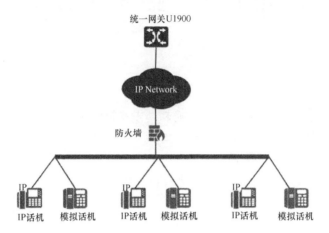

图 11-1　本地会议组网结构

11.2　实 训 目 的

　　通过对呼叫业务、电话会议业务、呼出限制业务、秘书业务、免打扰业务的配置操作,让学生整体了解和学习各种电信业务的基本知识及配置要点,并掌握 eSpace U1900 设备中业务配置的操作技能。

11.3　实 训 器 材

- Web 管理系统;
- eSpace U1900。

11.4　实 训 内 容

- 呼叫业务配置;
- 电话会议业务配置;
- 呼出限制业务配置;
- 秘书业务配置;
- 免打扰业务配置。

11.5　实 训 步 骤

11.5.1　语音业务

1. 配置简单业务

本节以配置 SIP 用户的简单业务的配置方法。

操作步骤：

（1）增加业务权限

1）单个号码业务配置

① 登录 Web 管理系统，如何登录请参见登录 Web 管理系统。

② 选择"用户管理＞SIP 用户"。

📖 **说明**：如果需要开通的用户是 POTS 用户，则选择"用户管理＞POTS 用户"。

③ 选择需要增加业务权限的号码，单击"业务配置"按钮。

系统显示业务配置界面。

④ 在"简单业务"区域框中选择要添加的业务，如图 11-2 所示。

图 11-2　单个号码业务配置

⑤ 单击"确定"按钮。

系统提示配置成功。

2）多个号码业务配置

① 登录 Web 管理系统，如何登录请参见登录 Web 管理系统。

② 选择"用户管理＞SIP 用户"。

📖 **说明**：如果需要开通的用户是 POTS 用户，则选择"用户管理＞POTS 用户"。

③ 选择需要增加业务权限的号码，单击"业务配置"按钮。

系统显示业务配置页面。

④ 选择要配置的业务，如图 11-3 所示。

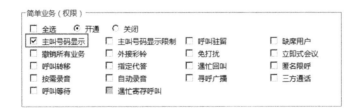

图 11-3　多个号码业务配置

⑤ 选择"开通"按钮。

⑥ 单击"确定"按钮。

系统提示配置成功。

（2）删除业务权限

1）删除单个号码业务

① 执行增加业务权限单个号码业务配置中的步骤①～③。

② 在"简单业务"区域框中,选择要取消的业务。

③ 单击"确定"按钮。

系统提示配置成功。

2）删除多个号码的业务

① 执行增加业务权限多个号码业务配置中的步骤①～④。

② 在"简单业务（权限）"区域框中,选择"关闭"按钮。

③ 单击"确定"按钮。

系统提示配置成功。

2. 配置复杂业务

本节以配置 SIP 用户的无条件呼叫前转业务为例,介绍复杂业务的配置方法。

操作步骤：

（1）增加业务权限

① 登录 Web 管理系统,如何登录请参见登录 Web 管理系统。

② 选择"用户管理＞SIP 用户"。

📖 说明:如果需要开通的用户是 POTS 用户,则选择"用户管理＞POTS 用户"。

③ 选择需要增加业务权限的号码,单击"业务配置"按钮。

系统显示业务配置界面。

④ 在"复杂业务"区域框中,单击"呼叫前转"后的"配置"按钮。

⑤ 在弹出的"配置呼叫前转"对话框中,选择"无条件呼叫前转",设置号码,如图 11-4 所示。

图 11-4 中 6005 为假设前转的目标用户号码。

图 11-4 配置呼叫前转业务

⑥ 单击"确定"按钮。

系统提示配置成功。

（2）删除业务权限

① 执行增加业务权限配置中的步骤①～④。

② 在"配置呼叫前转"对话框中,取消选择"无条件呼叫前转"。

③ 单击"确定"按钮。

系统提示配置成功。

11.5.2 呼叫业务

1. 本机号码查询业务

本业务允许用户拨打一个已配置字冠查询本机号码或本机的一号通号码。

操作步骤：

（1）用户 A 摘机→拨打"＊128＃"，系统向 A 播报本机的号码。

（2）用户 A 摘机→拨打"＊125＃"，系统向 A 播报本机的一号通号码。

📖 **说明：**

- A 是局内用户。

- 由于本机号码查询业务需要语音资源，当语音资源全部被占用时，局内用户拨打时将会听到忙音。

2. 主叫号码显示业务

📖 **说明：** 当用户号码具有主叫号码显示业务权限时，该用户话机上显示来电者号码。

在默认的情况下，用户已具有该业务权限；否则，需要在 eSpace U1900 侧增加。

操作步骤：

（1）增加业务权限

1）单个号码业务配置

① 登录 LMT 中的向导式配置，如何登录请参见登录向导式配置的内容。

② 选择"业务配置"。

③ 选择"单个号码业务配置"前的单选按钮。

④ 在"用户号码"文本框中，输入需要开通业务权限的用户号码。在"子 PBX"下拉列表框中，选择与用户号码所对应的子 PBX。

⑤ 单击"查询"按钮。系统显示当前配置号码和子 PBX。

⑥ 在"简单业务"区域框中，选中"主叫号码显示"，如图 11-5 所示。图中 6000 为假设的 0 号子 PBX 下的用户号码。

图 11-5 单个号码业务配置

⑦ 单击"保存"按钮。系统提示保存成功。

⑧ 单击"加载配置"按钮。

2）多个号码业务配置

① 登录 LMT 中的向导式配置，如何登录请参见登录向导式配置。

② 选择"业务配置"。

③ 选择"多个号码业务配置"前的单选按钮。

④ 在"起始号码"和"结束号码"的文本框中,分别输入需要开通业务权限用户的起始号码和结束号码。在"子 PBX"下拉列表框中,选择与用户号码所对应的子 PBX。

⑤ 单击"查询"按钮。系统显示起始号码、结束号码、子 PBX 和号码数量。

⑥ 在"业务权限处理方式"区域框中,选择"开"。

⑦ 在"简单业务"区域框中,选中"主叫号码显示",如图 11-6 所示。图中 6001、6003 为假设的 0 号子 PBX 下的用户号码。

图 11-6 多个号码业务配置

⑧ 单击"保存"按钮。系统提示保存成功。

⑨ 单击"加载配置"按钮。

(2) 删除业务权限

1) 删除单个号码的主叫号码显示业务

① 执行增加业务权限单个号码业务配置中的步骤①～⑤。

② 在"简单业务"区域框中,取消选中"主叫号码显示"。

③ 单击"保存"按钮。系统提示保存成功。

④ 单击"加载配置"按钮。

2) 删除多个号码的主叫号码显示业务

① 执行增加业务权限多个号码业务配置中的步骤①～⑤。

② 在"业务权限处理方式"区域框中,选择"关"。

③ 在"简单业务"区域框中,选中"主叫号码显示"。

④ 单击"保存"按钮。系统提示保存成功。

⑤ 单击"加载配置"按钮。

(3) 如何使用

假设用户 A 具有主叫号码显示业务权限。用户 B 呼叫用户 A,用户 A 的话机上将显示用户 B 的号码。

📖 说明:如果用户 B 具有主叫号码显示限制业务权限,则用户 A 的话机上不能显示 B 的号码。

主叫号码显示发生在第一声振铃和第二声振铃之间,过早摘机将不会显示来电者号码。

3. 主叫号码显示限制业务

当用户作为主叫时,被叫用户的话机上不能显示该用户的号码(即主叫号码)。

操作步骤：

（1）增加业务权限

1）单个号码业务配置

① 登录 LMT 中的向导式配置。如何登录请参见登录向导式配置的内容。

② 选择"业务配置"。

③ 选择"单个号码业务配置"前的单选按钮。

④ 在"用户号码"文本框中，输入需要开通业务权限的用户号码。

在"子 PBX"下拉列表框中，选择与用户号码所对应的子 PBX。

⑤ 单击"查询"按钮。系统显示当前配置号码和子 PBX。

⑥ 在"简单业务"区域框中，选中"主叫号码显示限制"，如图 11-7 所示。图中 6000 为假设的 0 号子 PBX 下的用户号码。

图 11-7　单个号码业务配置

⑦ 单击"保存"按钮。系统提示保存成功。

⑧ 单击"加载配置"按钮。

2）多个号码业务配置

① 登录 LMT 中的向导式配置。如何登录请参见登录向导式配置的内容。

② 选择"业务配置"。

③ 选择"多个号码业务配置"前的单选按钮。

④ 在"起始号码"和"结束号码"的文本框中，分别输入需要开通业务权限用户的起始号码和结束号码。

在"子 PBX"下拉列表框中，选择与用户号码所对应的子 PBX。

⑤ 单击"查询"按钮。系统显示起始号码、结束号码、子 PBX 和号码数量。

⑥ 在"业务权限处理方式"区域框中，选择"开"。

⑦ 在"简单业务"区域框中，选中"主叫号码显示限制"，如图 11-8 所示。图中 6001、6003 为假设的 0 号子 PBX 下的用户号码。

图 11-8　多个号码业务配置

⑧ 单击"保存"按钮。系统提示保存成功。

⑨ 单击"加载配置"按钮。

（2）删除业务权限

1）删除单个号码的主叫号码显示限制业务

① 执行增加业务权限单个号码业务配置中的步骤①～⑤。

② 在"简单业务"区域框中,取消选中"主叫号码显示限制"。

③ 单击"保存"按钮。系统提示保存成功。

④ 单击"加载配置"按钮。

2）删除多个号码的主叫号码显示限制业务

① 执行增加业务权限多个号码业务配置中的步骤①～⑤。

② 在"业务权限处理方式"区域框中,选择"关"。

③ 在"简单业务"区域框中,选中"主叫号码显示限制"。

④ 单击"保存"按钮。系统提示保存成功。

⑤ 单击"加载配置"按钮。

（3）如何使用

若用户 A 具有主叫号码显示限制业务权限。用户 A 呼叫用户 B,无论用户 B 是否有主叫号码显示权限,用户 B 的话机上都不能显示用户 A 的号码。

📖 **说明:**当通过 AT0 中继进行出局呼叫时,被叫话机上将显示专线号码,即 AT0 线的号码。

4. 强制显示主叫号码业务

如果被叫用户开启了强制显示主叫号码业务,则可以查看所有来电号码(包括匿名呼叫的用户号码)。

操作步骤:

（1）登录 LMT,在菜单中选择"加载配置＞命令树配置"。系统显示"请选择设备 IP"对话框。

（2）选择需要配置业务的设备 IP,单击"确定"按钮。系统显示"命令树配置"界面。

（3）单击 "config 模式"。系统弹出"用户名【admin】"对话框,输入 config 模式的密码,并单击"确定"按钮进入 config 模式。

（4）单击"搜索"按钮,在搜索栏中输入 config modify subscriber。

（5）双击搜索到的命令名称。系统显示"修改用户信息"界面。

（6）根据界面提示配置表 11-1 中的参数。

表 11-1　强制显示主叫号码业务参数说明

参数名称	如何配置
Dn	输入需要配置强制显示主叫号码业务权限的用户号码
SubPBXNo	输入上述用户号码所属的子 PBX 编号 只有在使用虚拟 IP－PBX 场景时,才需要配置该参数 默认值:0
OperateNewSevice	增加权限:配置为"Add" 删除权限:配置为"Del"
NewServiceRights	配置为"CLIRO"

（7）单击"执行"按钮。

如何使用：

（1）登记业务

用户 A 摘机→拨"＊48♯"，可以听到成功登记业务的提示音。

（2）使用业务

假设用户 A 具有强制显示主叫业务。当用户 B 呼叫用户 A 时，用户 A 话机显示用户 B 的号码。

📖 **说明**：即使用户 B 开启了主叫号码显示限制业务，用户 A 话机仍然可以显示用户 B 的号码。

（3）撤销业务

用户 A 摘机→拨"♯48♯"，可以听到成功撤销业务的提示音。

💡 **注意**：在出局呼叫时，强制显示主叫号码业务只适用于 PRA、ISUP 和 TUP 中继的对接场景。如果两交换局之间以 SIP、R2 或 AT0 中继对接，则强制显示主叫号码业务将失效。

如果一号通号码中的主号码开通了强制显示主叫号码业务，则与之关联的从号码也会同步开通此业务。

5．主叫姓名显示业务

操作步骤：

在默认情况下，用户已具有该业务权限；否则，需要在 eSpace U1900 侧增加。

（1）登录 LMT，在菜单中选择"加载配置＞命令树配置"。系统显示"请选择设备 IP"对话框。

（2）选择需要配置业务设备 IP，单击"确定"按钮。系统显示"命令树配置"界面。

（3）单击"config 模式"。系统弹出"用户名【admin】"对话框，输入 config 模式的密码，并单击"确定"按钮，进入 config 模式。

（4）单击"搜索"按钮，在搜索栏中输入 config modify subscriber。

（5）双击搜索到的命令名称。系统显示"修改用户信息"界面。

（6）根据界面提示配置参数，命令框的参数说明，如表 11-2 所示。

表 11-2 主叫姓名显示业务参数说明

参数名称	如何配置
Dn	输入需要配置主叫姓名显示业务权限的用户号码
OperateNewSevice	增加权限：配置为"Add" 删除权限：配置为"Del"
NewServiceRights	配置为"CNIP"

（7）单击"执行"按钮。

如何使用：

假设用户 A 具有主叫姓名显示业务权限。用户 B 呼叫用户 A，用户 A 的话机上将显示用户 B 的姓名。

📖 **说明：**

• 用户 A 的话机必需具有姓名显示功能。

• 如果用户 B 未设置姓名，则用户 A 的话机上不能显示 B 的姓名。用户 B 可以通过命令 config modify dn ＜string＞ UserName ＜string＞配置用户 B 姓名。

• 如果用户 B 既配置 UserName，又在话机侧配置了名称，则用户 A 的话机上显示用户 B 话机侧配置的姓名。

• 如果用户 B 具有姓名显示限制业务权限，则用户 A 的话机上不能显示用户 B 的姓名。

6. 连线姓名显示业务

操作步骤：

（1）登录 LMT，在菜单中选择"加载配置＞命令树配置"。

（2）系统显示"请选择设备 IP"对话框。选择需要配置业务设备 IP，单击"确定"按钮。系统显示"命令树配置"界面。

（3）单击"config 模式"。系统弹出"用户名【admin】"对话框，输入 config 模式的密码，并单击"确定"按钮，进入 config 模式。

（4）单击"搜索"按钮，在搜索栏中输入 config modify subscriber。

（5）双击搜索到的命令名称。

系统显示"修改用户信息"界面。

（6）根据界面提示配置参数，命令框的参数说明如表 11-3 所示。

表 11-3 连线姓名显示业务参数说明

参数名称	如何配置
Dn	输入需要配置连线姓名显示业务权限的用户号码
OperateNewSevice	增加权限：配置为"Add" 删除权限：配置为"Del"
NewServiceRights	配置为"CONP"

（7）单击"执行"按钮。

如何使用：

假设用户 A 具有连线姓名显示业务权限。用户 A 呼叫用户 B，用户 A 的话机上将显示用户 B 的姓名。

📖 **说明：**

• 用户 A 的话机必需具有姓名显示功能。

• 如果用户 B 未设置姓名，则用户 A 的话机上不能显示 B 的姓名。用户 B 可以通过命令 config modify dn ＜string＞UserName ＜string＞配置用户 B 姓名。

• 如果用户 B 既配置 UserName，又在话机侧配置了名称，则用户 A 的话机上显示用户 B 的 UserName。

- 如果用户 B 具有姓名显示限制业务权限,则用户 A 的话机上不能显示用户 B 的姓名。

7. 姓名显示限制业务

操作步骤:

(1) 登录 LMT,在菜单中选择"加载配置＞命令树配置"。系统显示"请选择设备 IP"对话框。

(2) 选择需要配置业务设备 IP,单击"确定"按钮。系统显示"命令树配置"界面。

(3) 单击 "config 模式"。系统弹出"用户名【admin】"对话框,输入 config 模式的密码,并单击"确定"按钮,进入 config 模式。

(4) 单击"搜索"按钮,在搜索栏中输入 config modify subscriber。

(5) 双击搜索到的命令名称。系统显示"修改用户信息"界面。

(6) 根据界面提示配置参数,命令框的参数说明,如表 11-4 所示。

表 11-4　姓名显示限制业务参数说明

参数名称	如何配置
Dn	输入需要配置姓名显示限制业务权限的用户号码
OperateNewSevice	增加权限:配置为"Add" 删除权限:配置为"Del"
NewServiceRights	配置为"CNIR"

(7) 单击"执行"按钮。

如何使用:

假设用户 A 具有姓名显示限制业务权限。用户 A 姓名不显示在其他话机上。

8. 无条件呼叫前转业务

📖 **说明:**

建议按照以下规格使用呼叫前转业务:eSpace U1900 最多允许配置的各种呼叫前转的数量分别为 1 024 个。最多允许对 1 000 个呼叫同时进行前转业务(主叫不听前转提示音的情况下)。支持批量配置用户的默认前转方式和前转号码。

操作步骤:

(1) 增加业务权限

① 登录 LMT 中的向导式配置。如何登录请参见登录向导式配置的内容。

② 选择"业务配置"。

③ 选择"单个号码业务配置"前的单选按钮。

④ 在"用户号码"文本框中,输入需要开通业务权限的用户号码。在"子 PBX"下拉列表框中,选择与用户号码所对应的子 PBX。

⑤ 单击"查询"按钮。系统显示当前配置号码和子 PBX。

⑥ 在"复杂业务"区域框中,单击"呼叫前转"后面的"配置",如图 11-9 所示。图中 6000

为假设的 0 号子 PBX 下的用户号码。

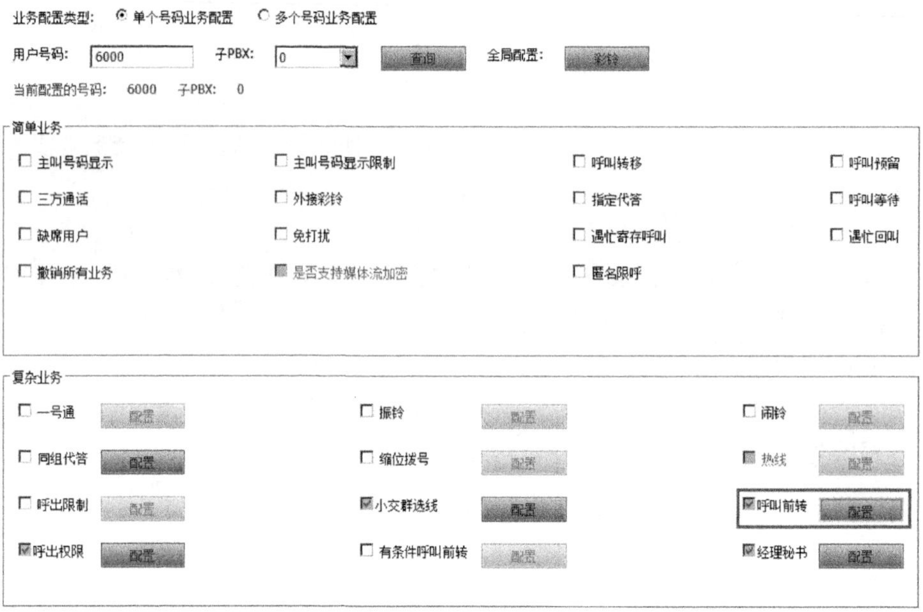

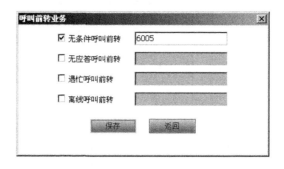

图 11-9　业务配置

⑦ 在弹出的"呼叫前转业务"对话框中，选择"无条件呼叫前转"前的复选框，设置号码，如图 11-10 所示。图中 6005 为假设的用户号码。

图 11-10　业务配置

⑧ 单击"保存"按钮。系统提示保存成功。

⑨ 单击"加载配置"按钮。

（2）删除业务权限

① 执行增加业务权限中的步骤①～⑥。

② 在"呼叫前转业务"配置窗口中，取消选择"无条件呼叫前转"前的复选框。

③ 单击"保存"按钮。系统提示保存成功。

④ 单击"加载配置"按钮。

（3）如何使用：

介绍如何登记、使用和撤销无条件呼叫前转业务。

① 登记业务。

用户 A 摘机→拨"＊57＊TN♯",可以听到成功登记业务的提示音。

📖 说明:用户 A 是具有无条件呼叫前转业务权限的用户。TN 为前转用户 B 的号码。

② 使用业务。

当用户 C 呼叫用户 A 时,该呼叫会被无条件前转到用户 B。

📖 说明:

如果用户 A、用户 B 之间采用 PRA 中继对接,当用户 C 的呼叫无法通过用户 A 前转至用户 B 时,有可能是软参设置问题,请通过 config softargu type 269 value 1 将软参修改为 1。

③ 撤销业务,撤销无条件呼叫前转业务的方法有以下两种:

- 用户 A 摘机→拨"♯57♯",可以听到成功撤销业务的提示音;
- 若用户 B 为局内用户,用户 B 摘机→拨"♯57＊DN♯",可以听到成功撤销业务的提示音。其中 DN 为用户 A 的号码。

💡 注意:

- 如果采用 QSIG 中继对接,呼叫前转业务有两种模式,业务方执行前转和主叫方执行前转,默认采用业务方执行前转的模式。若要采用主叫方执行前转模式,请执行 config softargu type 377 value 0 命令将软参值修改为 0。
- 用户可以通过命令 config softargu type 270 value 0 删除呼叫前转提示音。
- 用户 B 可以是局内用户,也可以是局外用户。若为局外用户,请在登记时加上出局字冠。
- 无条件呼叫前转业务的优先级低于无条件转语音邮箱业务。
- 如果用户 A 和用户 B 都具有主叫号码显示业务权限,则仅有用户 B 能显示用户 C 的号码,用户 A 不能显示 C 的号码。
- 对于与 eSpace U1900 或用户盒连接的 POTS 话机,当登记了无条件呼叫前转业务后,用户摘机将听到"嘟……嘟……嘟……"间断的拨号音。
- 无条件呼叫前转业务与免打扰业务、缺席用户业务、呼叫等待业务、闹铃业务、立即热线业务互斥。

9. 无应答呼叫前转业务

📖 说明:

建议按照以下规格使用呼叫前转业务:eSpace U1900 最多允许配置的各种呼叫前转的数量分别为 1 024 个。最多允许对 1 000 个呼叫同时进行前转业务(主叫不听前转提示音的情况下)。支持批量配置用户的默认前转方式和前转号码。

对用户的呼叫在 20 秒内无应答时均自动前转到预先设定的号码。

操作步骤:

在默认情况下,用户已具有该业务权限;否则,需要在 eSpace U1900 侧增加。

(1) 增加业务权限

① 登录 LMT 中的向导式配置。如何登录请参见登录向导式配置的内容。

② 选择"业务配置"。

③ 选择"单个号码业务配置"前的单选按钮。

④ 在"用户号码"文本框中,输入需要开通业务权限的用户号码。在"子 PBX"下拉列表框中,选择与用户号码所对应的子 PBX。

⑤ 单击"查询"按钮。系统显示当前配置号码和子 PBX。

⑥ 在"复杂业务"区域框中,单击"呼叫前转"后面的"配置",如图 11-11 所示。图中 6000 为假设的 0 号子 PBX 下的用户号码。

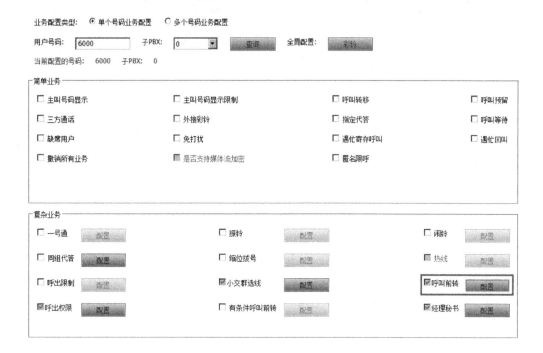

图 11-11 业务配置

⑦ 在弹出的"呼叫前转业务"对话框中,选择"无应答呼叫前转"前的复选框,设置号码,如图 11-12 所示。图中 6005 为假设的用户号码。

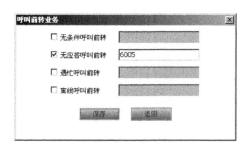

图 11-12 业务配置

⑧ 配置完成后,单击"保存"按钮。系统提示保存成功。

⑨ 单击"加载配置"按钮。

(2) 删除业务权限

① 执行增加业务权限中的步骤①~⑥。

② 在"呼叫前转业务"配置窗口中,取消选择"无应答呼叫前转"前的复选框。

③ 单击"保存"按钮。系统提示保存成功。

④ 单击"加载配置"按钮。

(3)如何使用

① 登记业务:用户 A 摘机→拨"＊41＊TN♯",可以听到成功登记业务的提示音。

📖 **说明**:用户 A 具有无应答呼叫前转业务权限的用户。TN 为前转用户 B 的号码。

② 使用业务:当用户 C 呼叫用户 A 时,如果 20 秒内用户 A 不接听,该呼叫会被前转到用户 B。如果 B 忙,本次呼叫将自动释放。

📖 **说明**:如果用户 A、用户 B 之间采用 QSIG 中继对接,呼叫前转后,若用户 B 忙,则用户 A 一直振铃到主叫方超时释放。如果用户 A、用户 B 之间采用 PRA 中继对接,当用户 C 的呼叫无法通过用户 A 前转至用户 B 时,有可能是软参设置问题,请通过 config softargu type 269 value 1 将软参修改为 1。

③ 撤销业务撤销无应答呼叫前转业务的方法有以下两种:

• 用户 A 摘机→拨"♯41♯",可以听到成功撤销业务的提示音。

• 若用户 B 为局内用户,用户 B 摘机→拨"♯41＊DN♯",可以听到成功撤销业务的提示音。其中 DN 为用户 A 的号码。

 注意:

• 如果采用 QSIG 中继对接,呼叫前转业务有两种模式,业务方执行前转和主叫方执行前转,默认采用业务方执行前转的模式。若要采用主叫方执行前转模式,请执行 config softargu type 377 value 0 命令将软参值修改为 0。

• 用户可以通过命令 config softargu type 270 value 0 删除呼叫前转提示音。

• 用户 B 可以是局内用户,也可以是局外用户。若为局外用户,需在登记时加上出局字冠。

• 无应答呼叫前转业务的优先级低于无条件呼叫前转业务、无条件转语音邮箱业务和呼叫等待业务。

• 无应答呼叫前转业务与免打扰业务、缺席用户业务、立即热线业务、闹铃业务互斥。

• POTS 用户可以通过命令 config modify timerinterval pid os_pid_usam timergroup 0 timerindex 22 interval ＜string＞修改无应答呼叫前转的等待时长。

• SIP 用户可以通过命令 config modify timerinterval pid os_pid_usam timergroup 1 timerindex 13 interval ＜string＞修改无应答呼叫前转的等待时长。

10. 遇忙呼叫前转业务

📖 **说明**:

建议按照以下规格使用呼叫前转业务:eSpace U1900 最多允许配置的各种呼叫前转的数量分别为 1 024 个。最多允许对 1 000 个呼叫同时进行前转业务(主叫不听前转提示音的情况下)。支持批量配置用户的默认前转方式和前转号码。

操作步骤:

在默认情况下,用户已具有该业务权限;否则,需要在 eSpace U1900 侧增加。

（1）增加业务权限

① 登录 LMT 中的向导式配置。如何登录请参见登录向导式配置。

② 选择"业务配置"。

③ 选择"单个号码业务配置"前的单选按钮。

④ 在"用户号码"文本框中,输入需要开通业务权限的用户号码。

⑤ 在"子 PBX"下拉列表框中,选择与用户号码所对应的子 PBX。

⑥ 单击"查询"按钮。系统显示当前配置号码和子 PBX。

⑦ 在"复杂业务"区域框中,单击"呼叫前转"后面的"配置"按钮,如图 11-13 所示。图中 6000 为假设的 0 号子 PBX 下的用户号码。

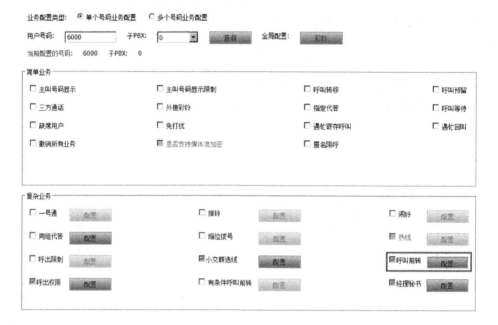

图 11-13　业务配置

⑧ 在弹出的"呼叫前转业务"对话框中,选择"遇忙呼叫前转"前的复选框,设置号码,如图 11-14 所示。图中 6005 为假设的用户号码。

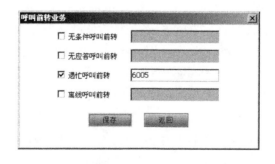

图 11-14　业务配置

⑨ 单击"保存"按钮。系统提示保存成功。

⑩ 单击"加载配置"按钮。

（2）删除业务权限

① 执行增加业务权限中的步骤①～⑥。

② 在"呼叫前转业务"配置窗口中,取消选择"遇忙呼叫前转"前的复选框。

③ 单击"保存"按钮。系统提示保存成功。

④ 单击"加载配置"按钮。

（3）如何使用

① 登记业务。

用户 A 摘机→拨"＊40＊TN♯",可以听到成功登记业务的提示音。

📖 说明:用户 A 是具有遇忙呼叫前转业务权限的用户。TN 为前转用户 B 的号码。

② 使用业务。

当用户 C 呼叫用户 A 时,用户 A 正忙,该呼叫会被前转到用户 B。如果 B 忙,本次呼叫将自动释放。

📖 说明:如果用户 A、用户 B 之间采用 PRA 中继对接,当用户 C 的呼叫无法通过用户 A 前转至用户 B 时,有可能是软参设置问题,请通过 config softargu type 269 value 1 将软参修改为 1。

③ 撤销业务,撤销遇忙呼叫前转业务的方法有以下两种:

- 用户 A 摘机→拨"♯40♯",可以听到成功撤销业务的提示音。
- 若用户 B 为局内用户,用户 B 摘机→拨"♯40＊DN♯",可以听到成功撤销业务的提示音。其中 DN 为用户 A 的号码。

注意:

- 如果采用 QSIG 中继对接,呼叫前转业务有两种模式,业务方执行前转和主叫方执行前转,默认采用业务方执行前转的模式。若要采用主叫方执行前转模式,请执行 config softargu type 377 value 0 命令将软参值修改为 0。
- 用户可以通过命令 config softargu type 270 value 0 删除呼叫前转提示音。
- 用户 B 可以是局内用户或局外用户,若为局外用户,在登记时须加上出局字冠。
- 如果用户 A 和用户 B 都具有主叫号码显示业务权限,则仅有用户 B 能显示用户 C 的号码,用户 A 不能显示用户 C 的号码。
- 遇忙呼叫前转业务的优先级低于无条件呼叫前转业务、无条件转语音邮箱业务和遇忙转语音邮箱业务。
- 遇忙呼叫前转业务与免打扰业务、缺席用户业务、呼叫等待业务、闹铃业务、立即热线业务互斥。

11. 离线呼叫前转业务

📖 说明:

建议按照以下规格使用呼叫前转业务:eSpace U1900 最多允许配置的各种呼叫前转的数量分别为 1 024 个。最多允许对 1 000 个呼叫同时进行前转业务(主叫不听前转提示音的情况下)。支持批量配置用户的默认前转方式和前转号码。

操作步骤:

在默认情况下,用户已具有该业务权限;否则,需要在 eSpace U1900 侧增加。

(1) 增加业务权限

① 登录 LMT 中的向导式配置。如何登录请参见登录向导式配置的内容。

② 选择"业务配置"。

③ 选择"单个号码业务配置"前的单选按钮。

④ 在"用户号码"文本框中,输入需要开通业务权限的用户号码。

在"子 PBX"下拉列表框中,选择与用户号码所对应的子 PBX。

⑤ 单击"查询"按钮。系统显示当前配置号码和子 PBX。

⑥ 在"复杂业务"区域框中,单击"呼叫前转"后面的"配置"按钮,如图 11-15 所示。图中 6000 为假设的 0 号子 PBX 下的用户号码。

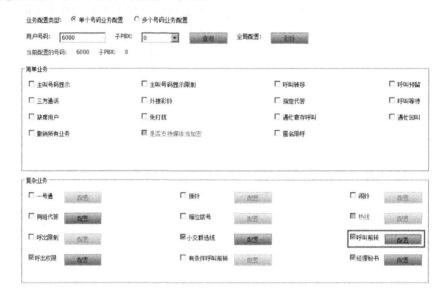

图 11-15 业务配置

⑦ 在弹出的"呼叫前转业务"对话框中,选择"离线呼叫前转"前的复选框,设置号码,如图 11-16 所示。图中 6005 为假设的用户号码。

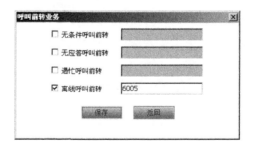

图 11-16 业务配置

⑧ 单击"保存"按钮。系统提示保存成功。

⑨ 单击"加载配置"按钮。

（2）删除业务权限

① 执行增加业务权限中的步骤①～⑥。

② 在"呼叫前转业务"配置窗口中，取消选择"离线呼叫前转"前的复选框。

③ 单击"保存"按钮。系统提示保存成功。

④ 单击"加载配置"按钮。

（3）如何使用

① 登记业务：用户 A 摘机→拨"＊45＊TN＃"，可以听到成功登记业务的提示音。

📖 **说明**：用户 A 是具有离线呼叫前转业务权限的用户。TN 为前转用户 B 的号码。

② 使用业务：当用户 C 呼叫用户 A 时，用户 A 处于离线状态，该呼叫会被前转到用户 B。如果 B 忙，本次呼叫将自动释放。

📖 **说明**：如果用户 A、用户 B 之间采用 PRA 中继对接，当用户 C 的呼叫无法通过用户 A 前转至用户 B 时，有可能是软参设置问题，请通过 config softargu type 269 value 1 将软参修改为 1。

③ 撤销业务，撤销离线呼叫前转业务的方法有以下两种：

- 用户 A 摘机→拨"＃45＃"，可以听到成功撤销业务的提示音；
- 若用户 B 为局内用户，用户 B 摘机→拨"＃45＊DN＃"，可以听到成功撤销业务的提示音。其中 DN 为用户 A 的号码。

💡 **注意**：

- 用户可以通过命令 config softargu type 270 value 0 删除呼叫前转提示音。
- 用户 B 可以是局内用户或局外用户，若为局外用户，在登记时须加上出局字冠。
- 如果用户 A 和用户 B 都具有主叫号码显示业务权限，则仅有用户 B 能显示用户 C 的号码，用户 A 不能显示用户 C 的号码。
- 离线呼叫前转业务的优先级低于无条件呼叫前转业务和无条件转语音邮箱业务。

12. 有条件呼叫前转业务

📖 **说明**：

特定条件是指由特定的主叫、时间段，以及特定的被叫用户状态组合而成的一组条件。

建议按照以下规格使用有条件呼叫前转业务：eSpace U1900 最多允许 2 000 个用户配置该业务；每个用户最多可配置 10 个前转条件，即最多可配置总的前转条件个数为 20 000。

本节以实现以下需求为例：为用户 6000 开通有条件呼叫前转业务。每周星期一 8：00～17：00，当用户 6000 忙时，所有呼叫都前转到用户 6001。

操作步骤：

（1）配置业务权限

① 登录 LMT 中的向导式配置。如何登录请参见登录向导式配置的内容。

② 选择"业务配置"。

③ 选择"单个号码业务配置"前的单选按钮。

④ 在"用户号码"文本框中，输入需要开通业务权限的用户号码。

在"子 PBX"下拉列表框中,选择与用户号码所对应的子 PBX。

⑤ 单击"查询"按钮。系统显示当前配置号码和子 PBX。

⑥ 在"复杂业务"区域框中,选择"有条件呼叫前转"前的复选框。

⑦ 单击"配置"按钮。系统弹出"有条件呼叫前转业务"对话框。

⑧ 根据对话框提示配置数据,如图 11-17 所示。

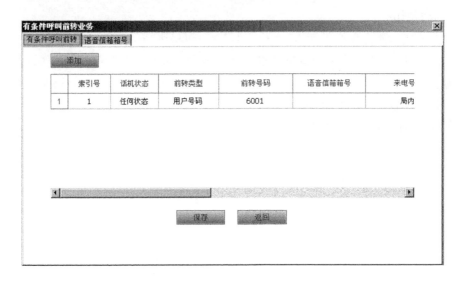

	索引号	话机状态	前转类型	前转号码	语音信箱箱号	来电号
1	1	任何状态	用户号码	6001		局内

图 11-17 业务配置

⑨ 单击"保存"按钮。系统提示保存成功。

⑩ 单击"加载配置"按钮。

(2)删除业务权限

① 执行增加业务权限中的步骤①~⑤。

② 在"复杂业务"区域框中,取消"有条件呼叫前转"前的复选框。

③ 单击"保存"按钮。系统提示保存成功。

④ 单击"加载配置"按钮。

(3)如何使用

假设 A 是具有有条件呼叫前转权限的用户。当用户 C 呼叫 A 时,若呼叫满足一定条件(由特定的主叫、时间段、被叫用户状态组合而成的一组条件),该呼叫将被前转到 B 或语音留言箱(umsno)。例如:用户 A 在忙的状态,在每天的 8:00～10:00,将所有局外用户的呼叫转移到 B。若主叫或时间段不配置,则表示所有的主叫或所有的时间段。

说明:如果用户 A、用户 B 之间采用 PRA 中继对接,当用户 C 的呼叫无法通过用户 A 前转至用户 B 时,有可能是软参设置问题,请通过 config softargu type 269 value 1 将软参修改为 1。

注意:

• 用户可以通过命令 config softargu type 270 value 0 删除呼叫前转提示音。

- 时间段只能设置为 00:00:00～23:59:59,不能设置为两天之间的时间段。例如,不能设置为 20:00～08:00。
- 用户 B 可以是局内用户,也可以是局外用户,但用户 A 必须是局内用户。
- 若为用户指定了主叫、时间段这几组前转条件,前转条件的优先级为主叫号码＞局内外＞时间段。例如,若同时满足主叫号码和时间段这两组前转条件,呼叫将前转到特定主叫指定的目的方号码,而不是特定时间段指定的目的方号码。

13. 呼叫转移业务

📖 **说明:**此业务为用户在通话中按拍叉键或转移键将呼叫转移到第三方而自己退出通话。在默认情况下,用户已具有该业务权限;否则,需要在 eSpace U1900 侧增加。

操作步骤:

(1) 增加业务权限

1) 单个号码业务配置

① 登录 LMT 中的向导式配置。

② 选择"业务配置"。

③ 选择"单个号码业务配置"前的单选按钮。

④ 在"用户号码"文本框中,输入需要开通业务权限的用户号码。

⑤ 在"子 PBX"下拉列表框中,选择与用户号码所对应的子 PBX。

⑥ 单击"查询"按钮。系统显示当前配置号码和子 PBX。

⑦ 在"简单业务"区域框中,选中"呼叫转移",如图 11-18 所示。图中 6000 为假设的 0 号子 PBX 下的用户号码。

图 11-18 单个号码业务配置

⑧ 单击"保存"按钮。系统提示保存成功。

⑨ 单击"加载配置"按钮。

2) 多个号码业务配置

① 登录 LMT 中的向导式配置。

② 选择"业务配置"。

③ 选择"多个号码业务配置"前的单选按钮。

④ 在"起始号码"和"结束号码"的文本框中,分别输入需要开通业务权限用户的起始号码和结束号码。

⑤ 在"子 PBX"下拉列表框中,选择与用户号码所对应的子 PBX。

⑥ 单击"查询"按钮。系统显示起始号码、结束号码、子 PBX 和号码数量。

⑦ 在"业务权限处理方式"区域框中,选择"开"。

⑧ 在"简单业务"区域框中,选中"呼叫转移",如图 11-19 所示。图中 6001、6003 为假设的 0 号子 PBX 下的用户号码。

图 11-19　多个号码业务配置

⑨ 单击"保存"按钮。系统提示保存成功。

⑩ 单击"加载配置"按钮。

（2）删除业务权限

1）删除单个号码的呼叫转移业务

① 执行增加业务权限单个号码业务配置中的步骤①～⑤。

② 在"简单业务"区域框中,取消选中"呼叫转移"。

③ 单击"保存"按钮。系统提示保存成功。

④ 单击"加载配置"按钮。

2）删除多个号码的呼叫转移业务

① 执行增加业务权限多个号码业务配置中的步骤①～⑤。

② 在"业务权限处理方式"区域框中,选择"关"。

③ 在"简单业务"区域框中,选中"呼叫转移"。

④ 单击"保存"按钮。系统提示保存成功。

⑤ 单击"加载配置"按钮。

（3）如何使用

1）具有呼叫转移业务权限的话机为 POTS 话机

① 用户 A 呼叫用户 B,用户 B 摘机与用户 A 通话。

② 用户 B 拍叉,听到拨号音后拨打用户 C 的号码,用户 A 听等待音乐。

③ 用户 B 可以选择以下四种操作:

• 直接挂机。

• 如果接通用户 C,则用户 C 振铃,用户 A 听回铃音。用户 C 摘机即可与用户 A 通话。

• 如果没有接通用户 C,则用户 A 听忙音。

• 接通用户 C 后挂机,用户 C 振铃,用户 A 听回铃音。用户 C 摘机即可与用户 A 通话。

④ 与用户 C 通话后挂机,用户 A 与用户 C 开始通话。

⑤ 恢复与用户 A 的通话。

若用户 C 忙或无应答,用户 B 拍叉将恢复与用户 A 通话;或者用户 B 不做任何操作,听忙音 25 秒后将自动恢复与用户 A 通话。

2）具有呼叫转移业务权限的话机为 SIP 话机,B 进行呼叫转移的方式分为以下三种。

📖 **说明**:在本节使用场景中,用户 A 和用户 C 使用的终端均为 IP 话机;如果用户 A 和用户 C 使用的是其他终端设备,呼叫转移过程中会有微小差异,但不影响整个呼叫转移结果。

◇ Unattend 模式(适用于 B 为总机的情况)

① 用户 A 呼叫用户 B,用户 B 摘机与用户 A 通话。用户 B 与用户 A 的通话占用用户 B 一条线路(如 Line1),该线路对应的指示灯点亮。

② 用户 B 按转移键,然后拨打用户 C 的号码,按发送键以结束拨号。用户 B 的话机自动挂机,用户 A 听回铃音,用户 C 振铃。转步骤③。如果没有接通用户 C,则用户 B 恢复与用户 A 的通话。

③ 用户 C 摘机与用户 A 通话。

◇ Attend 模式(适用于用户 B 为经理秘书的情况)

📖 **说明**:B 终端有型号要求,需为可支持多条通话线路的 SIP 话机。

① 用户 A 呼叫用户 B,用户 B 摘机与用户 A 通话。用户 B 与用户 A 的通话占用 B 一条线路(如 Line1),该线路对应的指示灯点亮。

② 用户 B 按另外一条空闲线路(即指示灯灭的线路,如 Line2)对应的键。

③ 用户 B 与用户 A 的通话被保持,用户 A 听等待音乐。

④ 用户 B 拨打用户 C 的号码,按发送键以结束拨号。

⑤ 用户 B 听回铃音,用户 C 振铃。转步骤④。

⑥ 如果用户 C 正忙,则用户 B 听忙音。若用户 B 按与用户 A 通话的线路(在上述的例子中,是 Line1)对应的键,将恢复与用户 A 的通话。

⑦ 用户 C 摘机与用户 B 通话。用户 B 与用户 C 的通话占用 B 另外一条线路(在上述的例子中,是 Line2)。

⑧ 用户 B 按转移键后,再按用户 B 与用户 A 通话时所占用的线路(如 Line1)对应的键。

⑨ 用户 A 与用户 C 的话路接通,用户 B 自动挂机,用户 A 与用户 C 开始通话。

◇ Semi-attend 模式

📖 **说明**:B 终端有型号要求,需为可支持多条通话线路的 SIP 话机。

在 Semi-attend 模式下,B 进行呼叫转移的步骤与 Attend 模式相同,唯一的区别是缺少一个步骤④,即用户 B 听到回铃音(表示接通了用户 C)就将呼叫转移到用户 C。

14. 呼叫保持业务

📖 **说明**:用户可以暂时中断一个正在进行的通话,然后在需要的时候重新恢复通话。

操作步骤:

(1) 当用户 A 与用户 B 通话时,A 可以通过以下方式之一将通话保持:

• 对于 POTS 话机,按拍叉键或"R"键;

• 对于 SIP 话机,按"Hold"键。通话保持成功后,B 听等待音乐。

(2) A 可以通过以下方式之一将通话重新恢复:

• 对于 POTS 话机,再次拍叉;

• 对于 SIP 话机,按目标通话线路的"line"键。

15. 呼叫预留业务

📖 说明:用户可以将当前通话保持,然后在局内的另一台话机上恢复被保持的呼叫。如果用户在设置的时间内没有恢复呼叫,系统将释放呼叫,被保持方听忙音。

在默认情况下,用户已具有该业务权限;否则,需要在 eSpace U1900 侧增加。

操作步骤:

(1) 增加业务权限

1) 单个号码业务配置

① 登录 LMT 中的向导式配置。如何登录请参见登录向导式配置的内容。

② 选择"业务配置"。

③ 选择"单个号码业务配置"前的单选按钮。

④ 在"用户号码"文本框中,输入需要开通业务权限的用户号码。在"子 PBX"下拉列表框中,选择与用户号码所对应的子 PBX。

⑤ 单击"查询"按钮。系统显示当前配置号码和子 PBX。

⑥ 在"简单业务"区域框中,选中"呼叫预留",如图 11-20 所示。图中 6000 为假设的 0号子 PBX 下的用户号码。

图 11-20 单个号码业务配置

⑦ 单击"保存"按钮。系统提示保存成功。

⑧ 单击"加载配置"按钮。

2) 多个号码业务配置

① 登录 LMT 中的向导式配置。如何登录请参见登录向导式配置的内容。

② 选择"业务配置"。

③ 选择"多个号码业务配置"前的单选按钮。

④ 在"起始号码"和"结束号码"的文本框中,分别输入需要开通业务权限用户的起始号码和结束号码。

⑤ 在"子 PBX"下拉列表框中,选择与用户号码所对应的子 PBX。

⑥ 单击"查询"按钮。系统显示起始号码、结束号码、子 PBX 和号码数量。

⑦ 在"业务权限处理方式"区域框中,选择"开"。

⑧ 在"简单业务"区域框中,选中"呼叫预留",如图 11-21 所示。图中 6001、6003 为假设的 0 号子 PBX 下的用户号码。

⑨ 单击"保存"按钮。系统提示保存成功。

⑩ 单击"加载配置"按钮。

图 11-21 多个号码业务配置

（2）删除业务权限

1）删除单个号码的呼叫预留业务

① 执行增加业务权限单个号码业务配置中的步骤①～⑤。

② 在"简单业务"区域框中，取消选中"呼叫预留"。

③ 单击"保存"按钮。系统提示保存成功。

④ 单击"加载配置"按钮。

2）删除多个号码的呼叫预留业务

① 执行增加业务权限多个号码业务配置中的步骤①～⑤。

② 在"业务权限处理方式"区域框中，选择"关"。

③ 在"简单业务"区域框中，选中"呼叫预留"。

④ 单击"保存"按钮。系统提示保存成功。

⑤ 单击"加载配置"按钮。

（3）如何使用

假设用户 A、用户 B 为局内用户；用户 C 为局内或局外用户；预留时长为 5 分钟。用户 A 与用户 C 正在通话。若用户 A 想换个话机与用户 C 通话，或者将呼叫预留给用户 B，操作步骤如下：

① 用户 A 拍叉（对于 POTS 话机）或按转移键（对于 SIP 话机），拨打"＊95♯"，然后挂机。用户 C 被保持，听等待音乐；

② 在用户 A 挂机后 5 分钟内，用户 A 或用户 B 在其他话机上拨打"＊95＊TN♯"恢复被保持的呼叫。TN 为用户 A 的号码。

📖 **说明**：如在 5 分钟内，没有任何局内用户恢复被保持的呼叫，用户 C 听忙音。

16．呼叫等待业务

📖 **说明**：当用户正在通话时，若第三方用户呼叫该用户，该用户将会收到呼叫等待提示音，表示另有用户等待与之通话。

在默认情况下，用户已具有该业务权限；否则，需要在 eSpace U1900 侧增加。

操作步骤：

（1）增加业务权限

1）单个号码业务配置

① 登录 LMT 中的向导式配置。如何登录请参见登录向导式配置的内容。

② 选择"业务配置"。

③ 选择"单个号码业务配置"前的单选按钮。

④ 在"用户号码"文本框中,输入需要开通业务权限的用户号码。在"子 PBX"下拉列表框中,选择与用户号码所对应的子 PBX。

⑤ 单击"查询"按钮。系统显示当前配置号码和子 PBX。

⑥ 在"简单业务"区域框中,选中"呼叫等待",如图 11-22 所示。图中 6000 为假设的 0 号子 PBX 下的用户号码。

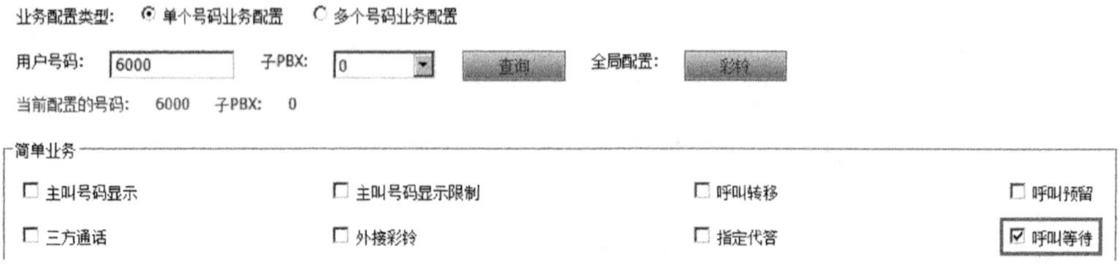

图 11-22　单个号码业务配置

⑦ 单击"保存"按钮。系统提示保存成功。

⑧ 单击"加载配置"按钮。

2) 多个号码业务配置

① 登录 LMT 中的向导式配置。如何登录请参见登录向导式配置。

② 选择"业务配置"。

③ 选择"多个号码业务配置"前的单选按钮。

④ 在"起始号码"和"结束号码"的文本框中,分别输入需要开通业务权限用户的起始号码和结束号码。

⑤ 在"子 PBX"下拉列表框中,选择与用户号码所对应的子 PBX。

⑥ 单击"查询"按钮。

系统显示起始号码、结束号码、子 PBX 和号码数量。

⑦ 在"业务权限处理方式"区域框中,选择"开"。

⑧ 在"简单业务"区域框中,选中"呼叫等待",如图 11-23 所示。图中 6001、6003 为假设的 0 号子 PBX 下的用户号码。

图 11-23　多个号码业务配置

⑨ 单击"保存"按钮。系统提示保存成功。

⑩ 单击"加载配置"按钮。

（2）删除业务权限

1）删除单个号码的呼叫等待业务

① 执行增加业务权限单个号码业务配置中的步骤①～⑤。

② 在"简单业务"区域框中,取消选中"呼叫等待"。

③ 单击"保存"按钮。系统提示保存成功。

④ 单击"加载配置"按钮。

2）删除多个号码的呼叫等待业务

① 执行增加业务权限多个号码业务配置中的步骤①～⑤。

② 在"业务权限处理方式"区域框中,选择"关"。

③ 在"简单业务"区域框中,选中"呼叫等待"。

④ 单击"保存"按钮。系统提示保存成功。

⑤ 单击"加载配置"按钮。

（3）如何使用

1）登记业务

用户 A 摘机→拨" ＊58＃",可以听到成功登记业务的提示音。

2）使用业务（发起方为 POTS 话机）

◇ 若用户 A 的话机为 POTS 话机,业务使用步骤如下:

用户 A 与用户 B 正在通话中,此时用户 C 呼叫用户 A,用户 A 听到呼叫等待提示音,用户 C 听回铃音。用户 A 在 15 秒内可以做出以下选择。

① 拒绝用户 C 呼入。不做任何操作,超过 15 秒后等待提示音自动消失,用户 C 听忙音,用户 A 和用户 B 继续通话。

② 结束与用户 B 通话,改与用户 C 通话。先拍叉,听到语音提示后按"1"键。保留与用户 B 通话,改与用户 C 通话。再拍叉,听到语音提示后再按"2"键。

③ 当用户 A 与用户 C 通话中,此时若拍叉后再按"2"键,将切换回与用户 B 的通话,用户 C 听等待音乐。

④ 当用户 A 与用户 C 通话中,若用户 C 挂机,用户 A 听到语音提示后拍叉恢复与用户 B 通话;若用户 A 挂机,用户 B 和用户 C 都将听忙音。

◇ 若 A 的话机为支持呼叫等待的 SIP 话机,如 eSpace6850 终端。业务使用步骤如下:

① 用户 A 与用户 B 正在通话中。用户 A 与用户 B 的通话占用一条线路（如 Line1）,该线路对应的指示灯点亮。

② 用户 C 呼叫用户 A。用户 A 话机上另外一条线路（如 Line2）对应的指示灯点亮。

③ 用户 A 如果想与用户 C 通话,则按该线路（在上述例子中是 Line2）对应的键,用户 A 与用户 C 开始通话。用户 A 与用户 B 的通话被保持,用户 B 听等待音乐。用户 A 与用户 C 通话中,如果用户 A 按与用户 B 通话的线路对应的键,则切换回与用户 B 的通话,与用户 C 的通话被保持。

3）撤销业务

用户 A 摘机→拨"＃58＃",可以听到成功撤销业务的提示音。

注意:

- 呼叫等待业务的优先级低于免打扰业务、闹铃业务和缺席用户业务。
- 当用户查询本机号码和本机的一号通号码时,若有第三方用户呼叫该用户,该用户将无法收到呼叫等待提示音。
- 呼叫等待业务与无条件呼叫前转业务、遇忙呼叫前转业务、立即热线业务互斥。

17. 三方通话业务

📖 **说明:**在不中断当前通话的基础上,用户可以呼叫第三方用户,实现三方共同通话或分别与两方通话。

用户需具有三方通话业务权限;否则,需要在 eSpace U1900 侧增加。

操作步骤:

(1) 增加业务权限

1) 单个号码业务配置

① 登录 LMT 中的向导式配置。如何登录请参见登录向导式配置的内容。

② 选择"业务配置"。

③ 选择"单个号码业务配置"前的单选按钮。

④ 在"用户号码"文本框中,输入需要开通业务权限的用户号码。

⑤ 在"子 PBX"下拉列表框中,选择与用户号码所对应的子 PBX。

⑥ 单击"查询"按钮。系统显示当前配置号码和子 PBX。

⑦ 在"简单业务"区域框中,选中"三方通话",如图 11-24 所示。图中 6000 为假设的 0 号子 PBX 下的用户号码。

图 11-24 单个号码业务配置

⑧ 单击"保存"按钮。系统提示保存成功。

⑨ 单击"加载配置"按钮。

2) 多个号码业务配置

① 登录 LMT 中的向导式配置。如何登录请参见登录向导式配置。

② 选择"业务配置"。

③ 选择"多个号码业务配置"前的单选按钮。

④ 在"起始号码"和"结束号码"的文本框中,分别输入需要开通业务权限用户的起始号码和结束号码。

⑤ 在"子 PBX"下拉列表框中,选择与用户号码所对应的子 PBX。

⑥ 单击"查询"按钮。系统显示起始号码、结束号码、子 PBX 和号码数量。

⑦ 在"业务权限处理方式"区域框中,选择"开"。

⑧ 在"简单业务"区域框中,选中"三方通话",如图 11-25 所示。图中 6001、6003 为假设的 0 号子 PBX 下的用户号码。

图 11-25　多个号码业务配置

⑨ 单击"保存"按钮。系统提示保存成功。

⑩ 单击"加载配置"按钮。

(2) 删除业务权限

1) 删除单个号码的三方通话业务

① 执行增加业务权限单个号码业务配置中的步骤①～⑤。

② 在"简单业务"区域框中,取消选中"三方通话"。单击"保存"按钮,系统提示保存成功。

③ 单击"加载配置"按钮。

2) 删除多个号码的三方通话业务

① 执行增加业务权限多个号码业务配置中的步骤①～⑤。

② 在"业务权限处理方式"区域框中,选择"关"。

③ 在"简单业务"区域框中,选中"三方通话"。

④ 单击"保存"按钮。系统提示保存成功。

⑤ 单击"加载配置"按钮。

(3) 如何使用

1) 使用业务(发起方为 POTS 话机)若用户 A 的话机为 POTS 话机,业务使用步骤如下:

① 用户 A 与用户 B 通话中,如果用户 A 需要与用户 C 通话,按拍叉键,此时用户 B 被保留等待。

② 用户 A 听到拨号音后,拨打用户 C 的电话号码。用户 A 呼叫用户 C 接通,此时可做如下三种选择:

- 按拍叉键,听到语音提示后,按"3"键,即可实现用户 A、用户 B、用户 C 三方通话。
- 按拍叉键,听到语音提示后,按"2"键,即保留用户 C,而与用户 B 通话。
- 按拍叉键,听到语音提示后,按"1"键,即释放用户 C,而与用户 B 通话。

③ 用户 A 呼叫用户 C 未通,按拍叉键,即可恢复与用户 B 通话。

📖 说明:用户 A 与用户 C 通话过程中,若一方挂机,则另一方与用户 B 通话。

三方通话时,若用户 B、用户 C 有一方挂机,用户 A 继续和未挂机的一方通话;若用户 A 挂机,其他两方听忙音。

2）使用业务（发起方为 SIP 话机）

若用户 A 的话机为支持三方通话的 SIP 话机,如 eSpace6850 终端。业务使用步骤如下所述。

① 用户 A 与用户 B 正在通话中,如果用户 A 需要与用户 C 通话。用户 A 与用户 B 的通话占用一条线路（如 Line1）,该线路对应的指示灯点亮。

② 用户 A 按另外一条空闲线路（即指示灯灭的线路,如 Line2）对应的键。用户 A 与用户 B 的通话被保持,用户 B 听等待音乐。

③ 用户 A 拨打用户 C 的号码,按发送键以结束拨号。用户 A 听回铃音,用户 C 振铃。

④ 用户 C 摘机,与用户 A 通话。用户 A 与用户 C 的通话占用另外一条线路（在上述的例子中,是 Line2）。

⑤ 用户 A 按会议键,再按与用户 B 通话的线路（在上述的例子中,是 Line1）对应的键。用户 A、用户 B、用户 C 进入三方通话。

注意: 目前话务台不能作为三方通话业务的发起方。eSpace U1900 支持 160 个三方通话同时进行。

11.5.3 电话会议业务

说明: 电话会议业务可以让用户进行多连接呼叫,即允许两个以上的用户同时通话。eSpace U1900 最多 320 个会议厅、每个会议最多 120 路参与方（所有会议参与方的总数不超过 960 方）。eSpace U1900 支持以下几种模式的电话会议。

- 自行接入式:与会者通过拨打预先设定的接入码和密码加入会议的方式。
- 系统召集式:预先配置与会者名单,系统在预先设定的时间点使与会者同时振铃,与会者摘机后加入会议。
- 主席召集式:主席可以在会议过程中通过话机操作增加或减少与会者。
- 立即召集式:在未预定会议的情况下,主席可以通过话机立即召集用户参加会议。

1. 自行接入式

操作步骤:

（1）配置业务

说明: 如果 BMU 级联多台 eSpace U1900 系列设备,则通过 config system sid ＜0-999＞配置系统的网络标识;否则,不需要配置。

1）预定会议

① 登录 LMT,在菜单中选择"加载配置＞命令树配置"。系统显示"请选择设备 IP"对话框。

② 选择需要配置业务的设备 IP,单击"确定"按钮。系统显示"命令树配置"界面。

③ 单击"Config 模式",系统弹出"用户名【admin】"对话框,输入 config 模式的密码,并单击"确定"按钮,进入 config 模式。

④ 单击"搜索"按钮,在搜索栏中输入 config conference register。

⑤ 双击搜索到的命令名称。系统显示"登记会议信息"界面。

⑥ 根据界面提示配置参数,命令框的参数说明如表 11-5 所示。

表 11-5　命令框的参数说明和默认配置

参数名称	参数说明	默认配置
SubPBXNo	子 PBX 号,在虚拟 IP PBX 场景下,当所预定的会议属于某个子 PBX(除索引号为 0 的默认子 PBX 外)时,需要指定会议所属的子 PBX 索引号。不在虚拟 IP PBX 场景下预定会议时无须配置该参数	0
RegNum	注册人数	3
AttendeePwd	与会者密码	无
ChairmanPwd	主席密码	无
StartDate	会议开始日期	当天
StartTime	会议开始时间	无
EndDate	会议结束日期	当天
EndTime	会议结束时间	无

⑦ 单击"执行"按钮。

📖 说明:

- 只能预定一周之内的会议,且会议时长不能超过两天。
- 预定会议命令执行成功以后,系统会自动生成一个会议厅号,并显示在回显信息框中。
- 用户需要记录下该会议厅号,以便接入会议时使用。
- 预定会议时,如果没有配置"AttendeePwd"和"ChairmanPwd",则接入会议时采用系统自动生成的"AttendeePwd"和"ChairmanPwd"。
- 执行 show conference 命令可查询会议厅号对应的"AttendeePwd"和"ChairmanPwd"。

2)配置接入码

① 单击"搜索"按钮,在搜索栏中输入 config add prefix。

② 双击搜索到的命令名称。系统显示"添加字冠"界面。

③ 根据界面提示配置参数,自行接入式电话会议系统的参数说明如表 11-6 所示。

表 11-6　自行接入式电话会议系统的参数说明

参数名称	如何配置
Dn	接入码。在 IMS 模式下,该参数取值必须为 IMS 侧长号
CallCategory	配置为"VU"
CallAttribute	配置为"VUConference"
CldPreDeal	配置为"No"

④ 单击"执行"按钮。

（2）删除业务

① 单击"搜索"按钮,在搜索栏中输入 config conference cancel。

② 双击搜索到的命令名称。系统显示"取消会议"界面。

③ 设置参数"ConfId"。

④ 单击"执行"按钮。

（3）如何使用

1）使用业务（与会者）包括主席在内的与会者自行接入会议的操作步骤为

① 拨打会议接入码。

② 听到"欢迎使用电话会议,接入电话请按 1,创建即时会议请按 2"的提示音后按"1"。

③ 听到"请拨会议厅号,以♯键结束"的提示音后拨打会议厅号。

④ 听到"请拨密码,以♯键结束"的提示音后拨打密码。

⑤ 系统验证成功后,听到"听到嘀声后请说出姓名,以♯键结束"的提示音。依据提示音说出姓名并按"♯"后加入会议成功。

📖 说明:会议中保持静音按 8♯,取消静音按 7♯。

2）使用业务（主席）主席加入会议后拍叉:

① 若主席话机为 POTS 话机,按拍叉键;

② 若主席话机为支持拍叉的 SIP 话机,按"＊"键。

拍叉后可以进行以下操作:

① 选择 1 为召集用户,提示拨号后拨打用户号码,接通此用户,通话后再次拍叉;

② 选择 1 为同意用户与会,此时双方都加入会议;

③ 选择 2 为拒绝用户与会,此时主席回到会议,用户听忙音;

④ 选择 2 为使用补充业务。依次拨打补充业务字冠和与会者号码（假设号码为 TN）,可以对与会者进行隔离、退出等操作。

- 拨"＊33＊TN♯":将与会者从会议中退出。
- 拨"♯34＊TN♯":将与会者设置为既能听、也能说。
- 拨"＊34＊TN♯":将与会者设置为只能听。
- 拨"＊35＊TN♯":将与会者设置为只能说。
- 拨"＊36＊TN♯":隔离与会者,将与会者设置为不能听、也不能说。
- 拨"＊38♯":结束会议。
- 拨"＊39♯":触发会议提前召开。

⑤ 主席再次拍叉回到会议。

📖 说明:主席召集 AT0 局外用户时,拨号要连续,中间不能停顿,否则可能导致系统收号不全,通过命令行或 BMU 客户端查询会议信息时,将不能完整显示该被叫号码。

 注意:

- 与会者以自行接入方式接入会议时,最早可在会议开始前 5 分钟接入。
- 普通与会者可以是局内用户或局外用户,主席必须是局内用户。

- 普通与会者不能在会议中进行拍叉操作。
- 当会议人数达到上限的时候系统提示会议人数已满,不能再召集用户与会。
- 会议进行中,当有三个或三个以上与会者(包括主席)进入会议,然后全部退出会议,经过 15 分钟没有任何人使用该会议资源,则系统自动结束会议。
- 在资源允许的情况下,不需要修改开始、结束时间,与会者可以提前 5 分钟进入会议,或结束时间到了后继续使用会议。
- 接入码不能与被召集的与会者号码的前几位相同。如接入码配置为"343",则不能召集号码以"343"开头的与会者。

2. 系统召集式

📖 **说明**:如果 BMU 级联多台 eSpace U1900 系列设备,则通过 config system sid <0-999>配置系统的网络标识;否则,不需要配置。

操作步骤:

(1) 预定会议

① 登录 LMT,在菜单中选择"加载配置>命令树配置"。系统显示"请选择设备 IP"对话框。

② 选择需要配置业务的设备 IP,单击"确定"按钮。系统显示"命令树配置"界面。

③ 单击"Config 模式",系统弹出"用户名【admin】"对话框,输入 config 模式的密码,并单击"确定"按钮,进入 config 模式。

④ 单击"搜索"按钮,在搜索栏中输入 config conference register。

⑤ 双击搜索到的命令名称。系统显示"登记会议信息"界面。

⑥ 根据界面提示配置参数,命令框的参数说明如表 11-7 所示。

表 11-7　命令框的参数说明和默认配置

参数名称	参数说明	默认配置
SubPBXNo	子 PBX 号,在虚拟 IP PBX 场景下,当所预定的会议属于某个子 PBX(除索引号为 0 的默认子 PBX 外)时,需要指定会议所属的子 PBX 索引号 不在虚拟 IP PBX 场景下预定会议时无须配置该参数	0
RegNum	注册人数	3
AttendeePwd	与会者密码	无
ChairmanPwd	主席密码	无
StartDate	会议开始日期	当天
StartTime	会议开始时间	无
EndDate	会议结束日期	当天
EndTime	会议结束时间	无

⑦ 单击"执行"按钮。

📖 **说明：**

- 只能预定一周之内的会议，且会议时长不能超过两天。
- 预定会议命令执行成功以后，系统会自动生成一个会议厅号，并显示在回显信息框中。用户需要记录下该会议厅号，以便接入会议时使用。
- 预定会议时，如果没有配置"AttendeePwd"和"ChairmanPwd"，则接入会议时采用系统自动生成的"AttendeePwd"和"ChairmanPwd"。
- 执行 show conference 命令可查询会议厅号对应的"AttendeePwd"和"ChairmanPwd"。

（2）增加系统召集用户

① 单击"搜索"按钮，在搜索栏中输入 config conference addattendee。

② 双击搜索到的命令名称。系统显示"增加会议与会者"界面。

③ 根据界面提示配置以下参数，系统召集式电话会议系统的参数说明如表 11-8 所示。

表 11-8　系统召集式电话会议系统的参数说明

参数名称	参数说明	默认配置
ConfId	会议厅号，预定会议成功后，会议厅号由系统自动生成	无
AttendeeDn	与会者号码	无
Mode	与会者的通话模式：ListenTalk（听说）、ListenOnly（只听）、TalkOnly（只说）、Chairman（主席）	ListenTalk

④ 单击"执行"按钮。

📖 **说明：**

- 系统召集式电话会议时，默认用户显示的号码为"000"。如果被召集的局外用户端设置主叫号码鉴权，则召集该局外用户加入会议失败，需要通过命令 config modify subpbx no <0-251> outconfdn <string> 修改子 PBX 下会议对局外用户显示的号码。
- 如果无法拨打 IMS 用户，请检查参数配置是否正确，具体请参见无法拨打 IMS 用户的内容。

（3）如何使用

会议开始时间到了之后，所有登记的用户话机同时振铃。用户摘机，加入会议。

- 在会议过程中，主席可以召集用户或进行其他操作，具体请参见如何使用中"使用业务（主席）"的内容。
- 当会议开始时间未到时，会议主席可以通过拨打"＊39♯"字冠触发会议，所有登记的用户同时开始振铃。
- 当会议开始时间到了时，用户忙或振铃 1 分钟内用户无应答：
◇ 对于 AT0 局外用户，系统不再向该用户发起呼叫；
◇ 对于非 AT0 局外用户，系统 1 分钟后继续向该用户发起呼叫。重复三次都不成功，认为召集失败，不再重试。

注意：

- 普通与会者可以是局内用户或局外用户，主席必须是局内用户。
- 普通与会者不能在会议中进行拍叉操作。
- 当会议人数达到上限的时候系统提示会议人数已满，不能再召集用户与会。
- 在会议进行中，当有三个或三个以上与会者（包括主席）进入会议，然后全部退出会议，经过 15 分钟没有任何人使用该会议资源，则系统自动结束会议。
- 在资源允许的情况下，不需要修改开始、结束时间，与会者可以提前 5 分钟进入会议，或结束时间到了后继续使用会议。
- 接入码不能与被召集的与会者号码的前几位相同。如接入码配置为"343"，则不能召集号码以"343"开头的与会者。

3．主席召集式

📖 **说明：** 如果 BMU 级联多台 eSpace U1900 系列设备，则通过 config system sid ＜0-999＞配置系统的网络标识；否则，不需要配置。

操作步骤：

（1）配置业务

1）预定会议

① 登录 LMT，在菜单中选择"加载配置＞命令树配置"。系统显示"请选择设备 IP"对话框。

② 选择需要配置业务的设备 IP，单击"确定"按钮。系统显示"命令树配置"界面。

③ 单击 "Config 模式"。系统弹出"用户名【admin】"对话框，输入 config 模式的密码，并单击"确定"按钮，进入 config 模式。

④ 单击"搜索"按钮，在搜索栏中输入 config conference register。

⑤ 双击搜索到的命令名称。系统显示"登记会议信息"界面。

⑥ 根据界面提示配置参数，命令框的参数说明如表 11-9 所示。

表 11-9　命令框的参数说明和默认配置

参数名称	参数说明	默认配置
SubPBXNo	子 PBX 号，在虚拟 IP PBX 场景下，当所预定的会议属于某个子 PBX（除索引号为 0 的默认子 PBX 外）时，需要指定会议所属的子 PBX 索引号 不在虚拟 IP PBX 场景下预定会议时无须配置该参数	0
RegNum	注册人数	3
AttendeePwd	与会者密码	无
ChairmanPwd	主席密码	无
StartDate	会议开始日期	当天
StartTime	会议开始时间	无
EndDate	会议结束日期	当天
EndTime	会议结束时间	无

⑦ 单击"执行"按钮。

📖 说明：

- 只能预定一周之内的会议，且会议时长不能超过两天。
- 预定会议命令执行成功以后，系统会自动生成一个会议厅号，并显示在回显信息框中。用户需要记录下该会议厅号，以便接入会议时使用。
- 预定会议时，如果没有配置"AttendeePwd"和"ChairmanPwd"，则接入会议时采用系统自动生成的"AttendeePwd"和"ChairmanPwd"。
- 执行 show conference 命令可查询会议厅号对应的"AttendeePwd"和"ChairmanPwd"。

2）配置接入码

① 单击"搜索"按钮，在搜索栏中输入 config add prefix。

② 双击搜索到的命令名称。系统显示"添加字冠"界面。

③ 根据界面提示配置参数，主席召集式电话会议系统的参数说明如表 11-10 所示。

表 11-10　主席召集式电话会议系统的参数说明

参数名称	如何配置
Dn	接入码，在 IMS 模式下，该参数取值必须为 IMS 侧长号
CallCategory	配置为"VU"
CallAttribute	配置为"VUConference"
CldPreDeal	配置为"No"

④ 单击"执行"按钮。

📖 说明：若系统中已存在会议接入码，则不需要重复配置。查看是否存在会议接入码的方法为：执行命令 show prefix by callcategory（设置 CallCategory 为 VU），查看是否存在 CallAttribute 为 VUConference 的字冠。

（2）删除业务

① 单击"搜索"按钮，在搜索栏中输入 config conference cancel。

② 双击搜索到的命令名称。系统显示"取消会议"界面。

③ 设置参数"ConfId"。

④ 单击"执行"按钮。

（3）如何使用

主席以自行接入式或系统召集式加入会议后，召集其他用户的具体操作请参见如何使用中"使用业务（主席）"中的内容。

 注意：

- 与会者以自行接入方式接入会议时，最早可在会议开始前 5 分钟接入。
- 普通与会者可以是局内用户或局外用户，主席必须是局内用户。
- 普通与会者不能在会议中进行拍叉操作。
- 当会议人数达到上限的时候系统提示会议人数已满，不能再召集用户与会。
- 在会议进行中，当有三个或三个以上与会者（包括主席）进入会议，然后全部退出会议，经过 15 分钟没有任何人使用该会议资源，则系统自动结束会议。

- 在资源允许的情况下,不需要修改开始、结束时间,与会者可以提前 5 分钟进入会议,或结束时间到了后继续使用会议。
- 接入码不能与被召集的与会者号码的前几位相同。如接入码配置为"343",则不能召集号码以"343"开头的与会者。

4．立即召集式

操作步骤:

(1) 增加业务权限

1) 配置接入码

① 登录 LMT,在菜单中选择"加载配置＞命令树配置"。系统显示"请选择设备 IP"对话框。

② 选择需要配置业务设备 IP,单击"确定"按钮。系统显示"命令树配置"界面。

③ 单击 "Config 模式"。系统弹出"用户名【admin】"对话框,输入 config 模式的密码,并单击"确定"按钮,进入 config 模式。

④ 单击"搜索"按钮,在搜索栏中输入 config add prefix。

⑤ 双击搜索到的命令名称。系统显示"添加字冠"界面。

⑥ 根据界面提示配置参数,命令框的参数说明如表 11-11 所示。

表 11-11 命令框的参数说明

参数名称	如何配置
Dn	接入码
CallCategory	配置为"VU"
CallAttribute	配置为"VUConference"
CldPreDeal	配置为"No"

⑦ 单击"执行"按钮。

2) 修改立即会议权限

① 单击"搜索"按钮,在搜索栏中输入 config modify subscriber。

② 双击搜索到的命令名称。系统显示"修改用户信息"界面。

③ 根据界面提示配置参数,立即召集式电话会议系统的参数说明如表 11-12 所示。

表 11-12 立即召集式电话会议系统的参数说明

参数名称	如何配置
Dn	输入需要配置的用户号码
SubPBXNo	输入上述用户号码所属的子 PBX 编号 只有在使用虚拟 IP－PBX 场景时,才需要配置该参数 默认值:0
OperateNewSevice	增加权限:配置为"Add" 删除权限:配置为"Del"
NewServiceRights	配置为"InstantConf"

④ 单击"执行"按钮。

（3）如何使用

立即会议的使用步骤为

① 主席拨打接入码。

② 听到提示音后按"2"。

③ 召集其他用户。具体操作请参见如何使用中"使用业务（主席）"的内容。

 注意：

• 普通与会者可以是局内用户或局外用户，主席必须是局内用户。

• 普通与会者不能在会议中进行拍叉操作。

• 当会议人数达到上限的时候系统提示会议人数已满，不能再召集用户与会。

• 会议进行中，当所有会者（包括主席）全部退出会议，系统自动结束会议。

• 接入码不能与被召集的与会者号码的前几位相同。如接入码配置为"343"，则不能召集号码以"343"开头的与会者。

11.5.4　呼出限制业务

📖 说明：用户根据需要，通过一定的拨号程序，限制该话机的某些呼出权限（如长途）。

操作步骤：

（1）增加业务权限

限制用户 6000 拨打国际长途电话。业务的配置步骤如下：

① 登录 LMT 中的向导式配置。如何登录请参见登录向导式配置的内容；

② 选择"业务配置"；

③ 选择"单个号码业务配置"前的单选按钮；

④ 在"用户号码"文本框中，输入需要开通业务权限的用户号码。在"子 PBX"下拉列表框中，选择与用户号码所对应的子 PBX；

⑤ 单击"查询"按钮，系统显示当前配置号码和子 PBX；

⑥ 在"复杂业务"区域框中，选中"呼出限制"前的复选框，如图 11-26 所示，图中 6000 为假设的 0 号子 PBX 下的用户号码；

⑦ 单击"配置"按钮，限制用户 6000 拨打国际长途电话，如图 11-27 所示；

⑧ 配置完成后，单击"保存"按钮。系统提示保存成功；

⑨ 单击"加载配置"按钮。

（2）删除业务权限

删除用户 6000 的呼出限制业务。配置步骤如下：

① 执行增加业务权限中的步骤①～⑤；

② 在"复杂业务"区域框中，取消"呼出限制"前的复选框；

③ 单击"保存"按钮，系统提示保存成功；

④ 单击"加载配置"按钮。

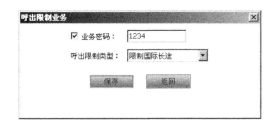

图 11-26　单个号码业务配置

图 11-27　呼出限制业务

（3）如何使用

① 登记业务

用户 A 摘机→拨"＊54＊KSSSS♯"，可以听到成功登记业务的提示音。

📖 说明：

· A 是具有呼出限制业务权限的用户。

· SSSS 为业务密码，初始密码为 1234。若要修改密码，请参见修改密码业务。

· K 为呼出限制选项，取值为 1,2,3。K＝1:限制全部呼出，包括市内电话的呼出。
K＝2:限制呼叫国际长途电话和国内长途电话，不限制市内电话。K＝3:限制呼叫
国际长途电话。

· SIP 话机用户为避免密码显示在话机通讯录上，还可以通过以下方式登记业务:用
户 A 摘机→拨打"＊54♯"，听到"嘟……嘟……嘟……"间断的拨号音提示，输入
"KSSSS♯"。

② 使用业务

A 发起受限的呼叫,将听到呼叫受限的提示音;发起未受限的呼叫时,能够正常接续。

③ 撤销业务

A 摘机→拨"♯54﹡KSSSS♯",可以听到成功撤销业务的提示音。

📖 **说明:**SIP 话机用户为避免密码显示在话机通讯录上,还可以通过以下方式撤销业务:用户 A 摘机→拨打"♯54♯",听到"嘟……嘟……嘟……"间断的拨号音提示,输入"KSSSS♯"。

 注意:

- 撤销业务时只有在输入的 K 值和登记的 K 值一致,并且输入的密码正确时,才能保证操作成功。
- 登记了呼出限制业务的话机,其呼入不会受到任何限制。
- 密码最大长度为 4 位。

11.5.5 秘书业务

📖 **说明:**所有呼叫经理的电话首先被转到秘书处,只有秘书可以直接接通经理的电话。经理需具有秘书业务权限,秘书需具有呼叫转移业务权限。否则,需要在 eSpace U1900 侧增加。如果需要修改业务权限,请按照以下步骤执行。

操作步骤:

(1) 如何配置

① 登录 LMT,在菜单中选择"加载配置>命令树配置"。系统显示"请选择设备 IP"对话框。

② 选择需要配置业务的设备 IP,单击"确定"按钮。系统显示"命令树配置"界面。

③ 单击"Config 模式"。系统弹出"用户名【admin】"对话框,输入 config 模式的密码,并单击"确定"按钮,进入 config 模式。

④ 单击"搜索"按钮,在搜索栏中输入 config modify subscriber。

⑤ 双击搜索到的命令名称。系统显示"修改用户信息"界面。

⑥ 根据界面提示配置参数如表 11-13 所示。

表 11-13　秘书业务参数说明

参数名称	如何配置
Dn	输入需要配置秘书业务权限的用户号码
SubPBXNo	输入上述用户号码所属的子 PBX 编号 只有在使用虚拟 IP-PBX 场景时,才需要配置该参数 默认值:0
OperateNewSevice	增加权限:配置为"Add" 删除权限:配置为"Del"
NewServiceRights	秘书业务权限:配置为"SecretaryService" 秘书呼叫转移业务权限:配置为"HookingTransfer"

⑦ 单击"执行"按钮。

（2）如何使用

1）登记业务

假设用户 A 为具有秘书业务权限的经理，用户 B 具有呼叫转移业务权限，B 的号码为 TN。

若 A 想登记 B 为其秘书，可以通过以下方法：经理 A 摘机→拨"∗77∗TN♯"，可以听到成功登记业务的提示音。

2）使用业务（秘书话机为 POTS 话机）

若秘书 B 的话机为 POTS 话机，则业务的使用步骤如下：

① 用户 C 呼叫经理 A，秘书 B 的话机振铃；

② 秘书 B 摘机与用户 C 通话，拍叉。

用户 C 听等待音乐。若秘书 B 在 10 秒内不做任何操作，秘书 B 听忙音。

• 秘书 B 听忙音后拍叉，可以恢复其与用户 C 的通话。

• 秘书 B 听忙音后 5 秒内不做任何操作，自动恢复与用户 C 的通话。

③ 秘书 B 拨打经理 A 的号码。

若秘书 B 在与经理 A 的接续过程中拍叉，将会释放与经理 A 的接续，恢复与用户 C 的通话。

④ 经理 A 摘机与秘书 B 通话时：

• 若经理 A 先挂机，秘书 B 在听忙音后不执行任何操作，5 秒后系统将自动恢复秘书 B 与用户 C 的通话。

• 若秘书 B 先挂机，则经理 A 与用户 C 通话。

3）使用业务（秘书话机为 SIP 话机）

若秘书 B 的话机为支持呼叫转移的 SIP 话机，则业务的使用步骤如下：

① 用户 C 呼叫经理 A，秘书 B 的话机振铃，秘书 B 摘机与用户 C 通话。假设该通话占用 line1；

② 秘书 B 按另外一条空闲线路对应的键，如 line2。该通话被保持，用户 C 听等待音乐。

若秘书 B 按与用户 C 通话的线路（在上述例子中，是 line1）对应的键，可以恢复与用户 C 的通话。

① 秘书 B 拨打经理 A 的号码，按发送键结束拨号。

若秘书 B 在与经理 A 的接续过程中按与用户 C 通话的线路（在上述例子中，是 line1）对应的键，将会释放与经理 A 的接续，恢复与用户 C 的通话。

② 经理 A 摘机与秘书 B 通话时：

• 若经理 A 挂机，秘书 B 听忙音。若秘书 B 按与用户 C 通话的线路（在上述例子中，是 line1）对应的键，将恢复与用户 C 的通话。

• 若秘书 B 按转移键，再按与用户 C 通话的线路（在上述例子中，是 line1）对应的键，则秘书 B 的话机自动挂机，经理 A 与用户 C 开始通话。

4）撤销业务

撤销经理 A 的秘书业务有以下两种方法：

- 经理 A 摘机→拨"♯77♯"→可以听到成功撤销业务的提示音；
- 具有秘书业务权限的秘书摘机→拨"♯77＊DN♯"→可以听到成功撤销业务的提示音。其中 DN 为经理 A 的号码。

 注意：

- 秘书在呼叫经理时，如果又有新的用户呼叫经理，该用户将会听忙音；
- 秘书业务涉及的经理和秘书都必须是局内用户。

11.5.6　免打扰业务

📖 说明：用户不希望有来话干扰时，可以使用免打扰业务。当用户的话机登记了免打扰业务，其他用户呼叫该话机将会听到免打扰语音提示，同时用户将无法接到任何电话。但使用本业务并不影响呼出，用户可以正常呼叫其他用户。在默认情况下，用户已具有该业务权限；否则，需要在 eSpace U1900 侧增加。

操作步骤：

（1）增加业务权限

1）单个号码业务配置

① 登录 LMT 中的向导式配置。如何登录请参见登录向导式配置。

② 选择"业务配置"。

③ 选择"单个号码业务配置"前的单选按钮。

④ 在"用户号码"文本框中，输入需要开通业务权限的用户号码。

⑤ 在"子 PBX"下拉列表框中，选择与用户号码所对应的子 PBX。

⑥ 单击"查询"按钮。系统显示当前配置号码和子 PBX。

⑦ 在"简单业务"区域框中，选中"免打扰"选项，如图 11-28 所示。图中 6000 为假设的 0 号子 PBX 下的用户号码。

图 11-28　业务配置

⑧ 单击"保存"按钮。系统提示保存成功。

⑨ 单击"加载配置"按钮。

2）多个号码业务配置

① 登录 LMT 中的向导式配置。如何登录请参见登录向导式配置。

② 选择"业务配置"。

③ 选择"多个号码业务配置"前的单选按钮。

④ 在"起始号码"和"结束号码"的文本框中,分别输入需要开通业务权限用户的起始号码和结束号码。

⑤ 在"子PBX"下拉列表框中,选择与用户号码所对应的子PBX。

⑥ 单击"查询"。系统显示起始号码、结束号码、子PBX和号码数量。

⑦ 在"业务权限处理方式"区域框中,选择"开"。

⑧ 在"简单业务"区域框中,选中"免打扰"选项,如图11-29所示。图中6001、6003为假设的0号子PBX下的用户号码。

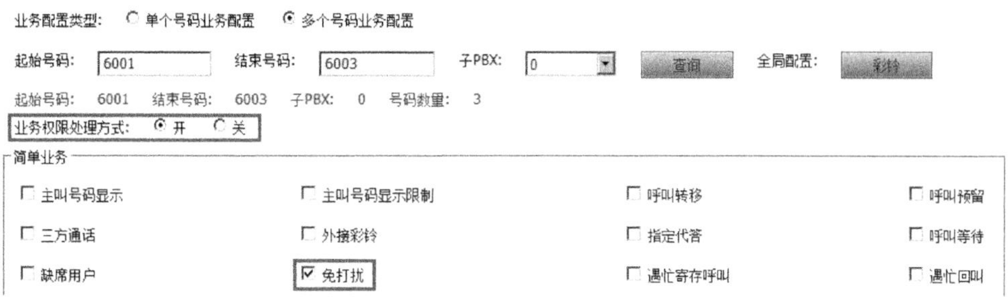

图11-29　业务配置

⑨ 单击"保存"按钮。系统提示保存成功。

⑩ 单击"加载配置"按钮。

(2) 删除业务权限

1) 删除单个号码的免打扰业务

① 执行增加业务权限单个号码业务配置中的步骤①～⑤。

② 在"简单业务"区域框中,取消选中"免打扰"选项。

③ 单击"保存"按钮。系统提示保存成功。

④ 单击"加载配置"按钮。

2) 删除多个号码的免打扰业务

① 执行增加业务权限多个号码业务配置中的步骤①～⑤。

② 在"业务权限处理方式"区域框中,选择"关"。

③ 在"业务"区域框中,选中"免打扰"选项。

④ 单击"保存"按钮。系统提示保存成功。

⑤ 单击"加载配置"按钮。

3) 如何使用

① 登记业务:具有免打扰业务权限的用户A摘机→拨"＊56＃",可以听到成功登记业务的提示音。

② 使用业务:其他用户拨打A时,听免打扰提示音或忙音;A可以正常呼出,不受限制。

③ 撤销业务:A摘机→拨"＃56＃",可以听到成功撤销业务的提示音。

注意：

- 对于与 eSpace U1900 或用户盒连接的 POTS 话机，当登记了免打扰业务后，用户摘机将听到"嘟……嘟……嘟……"间断的拨号音。
- 免打扰业务优先级别低于闹铃业务。
- 免打扰业务与缺席用户业务、无条件呼叫前转业务、无应答呼叫前转业务、遇忙呼叫前转业务、立即热线业务互斥。

11.6 思 考 题

1. 语音业务包含哪两种业务的配置，每种列举三个业务类型。
2. U1900 最多多少个会议厅、每个会议最多多少路参与方？
3. eSpace U1900 支持几种模式的电话会议？分别是哪几种？
4. 呼出限制业务是在哪个业务里配置？

第 12 章　自动总机配置

本章重点

- 自动总机业务的基本概念；
- 自动总机的配置方法。

本章难点

- 无。

本章学时数

- 建议 4 学时。

学习本章的目的和要求

- 了解自动总机业务的基本概念。
- 掌握自动总机的配置方法。

12.1　自动总机配置的原理概述

自动总机业务，又称为交互式语音应答业务，是指如果某号码被设置为自动总机号码，则呼叫该号码时，默认播放"请拨分机号"的语音提示（可修改），实现放音收号和自动转接功能。

自动总机业务典型场景，如图 12-1 所示。局外用户拨打自动总机号码后会听到自动总机语音提示音："您好！XX 公司，请拨分机号码，人工服务请拨"0"。拨"0"到人工客服，拨分机号码到员工。

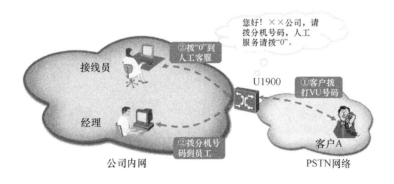

图 12-1　自动总结业务典型场景

自动总机业务分为五类。

1. 默认自动总机
- 无须编写脚本和录制语音,直接使用统一网关自带的默认语音"请拨分机号"。
- 使用默认自动总机时,也可以录制通告音。

2. 自定义语音自动总机
- 通过录制自定义语音和配置自定义总机,用户可以自定义提示音或录制通告,通过多级语音菜单分类细化服务。
- 录制了通告后,用户拨打自动总机时会先听到通告音,再听自动总机提示音。

3. 分时段自定义自动总机
- 通过设置,可以实现不同的时间段听取不同的语音提示。

4. 循环自动总机
- 通过设置,可以实现在呼叫分机失败后能重新返回总机,从而节约了再次拨打总机的时间。

5. 总机+分机连拨自动总机(AT0入局总机除外)
- 局外用户无须通过总机的语音提示,可以直接拨打总机+分机号码,实现入局呼叫,从而提高工作效率。

12.2 实 训 目 的

通过对自动总机号码、自动总机+分机连拨和循环自动总机配置操作的学习,让学生对自动总机知识和 eSpace U1900 设备的相关操作技能有整体的了解和学习。

12.3 实 训 器 材

- Web 管理系统。
- eSpace U1900。

12.4 实 训 内 容

- 配置自动总机号码;
- 配置自动总机+分机连拨;
- 配置循环自动总机。

12.5 实 训 步 骤

📖 说明:企业用户一般都有总机号码,当其他用户拨打该企业总机号码时,先听提示音,然后拨分机号接通企业内部用户。

本节以实现以下需求为例。

- 当用户拨打自动总机号码 68907888 时,系统不是播放默认的提示音"请拨分机号……",而是播放个性化的提示音"欢迎致电××公司,请拨分机号码,查号请拨 0"。

- 增加自动总机号码 68907888，当用户拨打自动总机号码 68907888 时，系统播放提示音。

操作步骤：

（1）使用默认语音

若使用默认语音"请拨分机号……"，操作步骤如下所述。

1）配置自动总机号码

① 选择"中继配置＞字冠配置"。

② 设置"字冠"为"68907888"。

③ 设置"业务类别"为"虚拟用户"。

④ 设置"呼叫属性"为"自动总机"，其他参数保持默认，如图 12-2 所示。

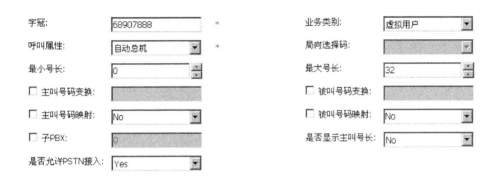

图 12-2　配置自动总机号码

⑤ 单击"添加"按钮。字冠 68907888 出现在界面的区域框中。

⑥ 单击"加载配置"按钮。

2）执行 VU 命令行

📖 说明：使用默认语音，直接执行默认的 VU 命令行文件即可。命令行文件相对于软件版本的路径："Script\chinese\VU 脚本命令行.txt"。

① 登录 LMT 命令树配置的 Config 配置模式，如何登录请参见如何登录和使用 LMT 工具的内容。

② 打开 VU 命令行文件，全部选中、复制 VU 命令行。

③ 请参见通过命令树配置执行批量命令在批量命令输入区，右键单击，选择"粘贴"。

④ 单击"执行"按钮；执行 VU 命令行。

（2）使用定制语音

若使用定制的语音文件，操作步骤如下所述。

1）配置自动总机号码。

① 选择"中继配置＞字冠配置"。

② 设置"字冠"为"68907888"。

③ 设置"业务类别"为"虚拟用户"。

④ 设置"呼叫属性"为"自动总机",其他参数保持默认,如图 12-3 所示。

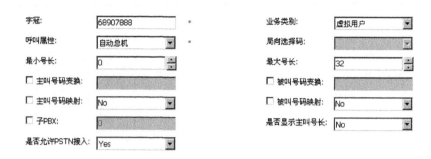

图 12-3 配置自动总机号码

⑤ 单击"添加"按钮。字冠 68907888 出现在界面的区域框中。

⑥ 单击"加载配置"按钮。

⑦ 定制语音文件。

制作语音文件(如取名为 251.pcm),并将其加载到 eSpace U1900 上。具体操作请参见下面的说明。

📖 说明:

制作单个 voice.zip 或者 mrsvoice.zip 的语音文件大小不超过 256 KB,制作单个彩铃的语音文件大小不超过 160 KB,录音时长都不能超过 30 s。除了 250 和 251 号通道,自定义语音文件总共可以录制 60 个,总大小遵循以下原则:

- 如果生成的语音文件用于制作 voice.zip,文件总大小不能超过 7.5 MB;
- 如果生成的语音文件用于制作 mrsvoice.zip,文件总大小不能超过 10 MB;
- 如果生成的彩铃语音文件,文件总大小不能超过 14 MB;
- 保存录音时,请谨慎选择保存的文件名,因为新录制的提示音将覆盖旧的同名称的提示音。建议在制作新的 voice.zip 时,先将旧的 voice.zip 备份。

本文以 Windows XP 自带的录音软件为例,介绍通过录音软件制作 VU 提示音的具体步骤。

第 1 步,选择"开始→程序→附件→娱乐→录音机",打开录音机软件,如图 12-4 所示。

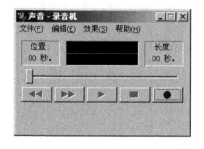

图 12-4 录音机对话框

第 2 步,单击 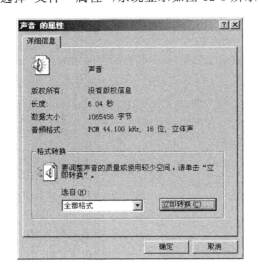,开始录制。

第 3 步,待录制完成后,单击 ,停止录音。

第 4 步,选择"文件→保存",保存录音。

第 5 步,将文件格式转换为"CCITT A-Law,8 kHz,8 位,单声道"的格式。

在录音机对话框中选择"文件→属性",系统显示如图 12-5 所示的对话框。

图 12-5 录音文件属性对话框

单击"立即转换",系统显示如图 12-6 所示对话框。

图 12-6 声音选定对话框

在"格式"下拉列表框中选择"CCITT A-Law",在"属性"下拉列表框中选择"8.000 kHz,8 位,单声道 7KB/秒"。

单击"确定"按钮。

第 6 步,选择"文件→另存为",将录音文件另存为.pcm 文件。

录音文件以通道号命名,如"252.pcm"。通道号的取值范围为 250~311,其中 250 是默认语音,一般不建议替换,251 通道可以通过话机录音,其余通道用于自定义语音,通过录音软件录音,并通过 VU 脚本进行加载。

加载语音文件的操作步骤如下所述。

① 制作 mrsvoice.bin 文件。

• 登录 LMT 中的向导式配置。如何登录请参见登录 LMT 配置工具的内容。

• 选择"自动总机>制作加载语音"。

• 单击"浏览"按钮,选择存放制作的.pcm 语音文件的文件夹,如图 12-7 所示。

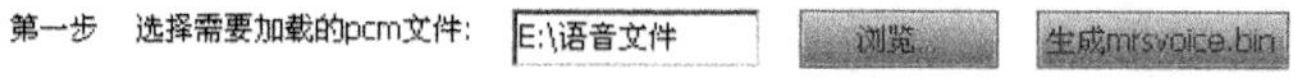

第一步 选择需要加载的pcm文件: E:\语音文件 [浏览] [生成mrsvoice.bin]

图 12-7 制作 mrsvoice. bin 文件

• 单击"生成 mrsvoice. bin"。系统弹出"语言类型"对话框。
• 选择语言类别,例如"中文",单击"确定"按钮。系统弹出"MakeTone Tool"。
• 在"Voice Type"区域框中,选中"MRSVoice"。
• 在"Language"区域框中,选择与步骤 1. e 中相同的语言类别。

📖 说明:

如果加载的不是中文、英文或中英文双语的语音文件,请选择"Other"。

• 单击"Generate Voice File"。系统提示生成语音文件成功。

② 制作 mrsvoice. zip 文件。

• 单击"浏览"按钮,选择 mrsvoice. bin 文件的路径,如图 12-8 所示。

第二步 选择需要加载的mrsvoice.bin文件: E:\LMT安装包8-9\ [浏览...] [生成mrsvoice.zip]

图 12-8 制作 mrsvoice. zip 文件

• 单击"生成 mrsvoice. zip",生成 mrsvoice. zip 文件。系统弹出"提示"对话框,提示生成 mrsvoice. zip 成功。

③ 加载 mrsvoice. zip 文件。

• 单击"浏览"按钮,选择 mrsvoice. zip 文件的路径,如图 12-9 所示。

选择需要加载的mrsvoice.zip文件: E:\LMT安装包8-9\lmt_client08 [浏览] [加载]

图 12-9 加载 mrsvoice. zip 文件

• 单击"加载"按钮,加载 mrsvoice. zip 文件。

工具中可以看到加载状态,加载完毕后,录制的语音立即生效。

3)编辑 VU 脚本,生成 VU 命令行文件

编辑脚本及生成命令行文件的详细步骤请参见下面的说明。

📖 说明:本节假设 VU 接入码为 6666。

配置自动总机 VU 接入码的操作步骤如下所述。

① 配置自动总机 VU 接入码。

• 登录 LMT 中的向导式配置。
• 选择"中继配置>字冠配置"。
• 在系统显示的"字冠配置"界面,配置字冠相关参数,如图 12-10 所示。
• 单击"添加"按钮。

② 配置中继入局的默认号码为 VU 接入码。

假设使用的中继为 PRA 中继,中继所属局向号为 2。

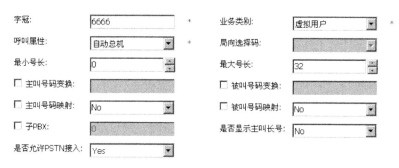

图 12-10　字冠配置

配置局向号：

- 选择"中继配置＞局向配置"；
- "局向号"设置为"2"，系统自动设置"局向选择码"为"2"，如图 12-11 所示。

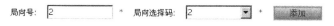

图 12-11　配置局向号

- 单击"添加"按钮。

配置 PRA 中继。

已配置 DTU 单板，如何配置请参见配置硬件的内容。

- 选择"中继配置＞信令配置"。
- 设置"目的局点个数"，单击"增加目的局点"，系统显示本地局点与目的局点的连接图。
- 双击连接线配置信令。相关参数配置如图 12-12 所示。

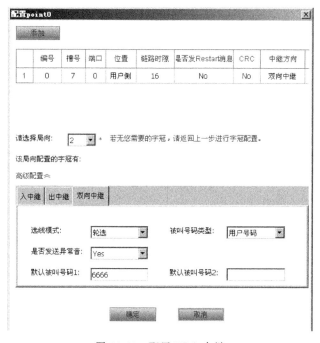

图 12-12　配置 PRA 中继

- 单击"确定"按钮。
- 单击"加载配置"按钮。

4）执行 VU 命令行

执行 VU 命令行的详细操作步骤请参见下面的说明。

📖 说明：

执行 VU 命令行的操作步骤如下所述。

① 登录 LMT 中的向导式配置。

② 选择"自动总机＞编辑 VU 脚本"。

③ 单击"加载配置"按钮。

④ 系统弹出"请选择文件"对话框。

在 IVRCompiler 文件夹中，双击选取要执行的命令行文件。

⑤ 系统弹出"加载配置对话框"，显示当前的加载数据进度。

⑥ 如图 12-13 所示，加载数据完成。

图 12-13 命令加载完成图

⑦ 执行 save 命令。

如果没有执行 save 命令保存配置的数据，设备重启后配置的数据将无法保存。

（3）配置自动总机＋分机连拨

如果用户希望实现自动总机号码＋分机号码（如 68907888＋6000）连拨，系统即可直接接通企业内部用户。

在已实现以上自动总机配置的基础上，还需进行如下操作。

1）修改最小号长为自动总机号码的长度。将图 12-2 中的参数"最小号长"修改为自动总机号码的号长。如本例中自动总机号码 68907888 的号码长度为 8，故需将"最小号长"设置为"8"，如图 12-14 所示。

字冠	业务类别	呼叫属性	最小号长	最大号长	局向选择码	被叫号码变换	被叫号码变换规则	主叫号码变换
68907888	虚拟用户	自动总机	8	32		No		No

图 12-14　修改最小号长

完成最小号长的修改后，重新加载数据。

2）开启软参 306。

① 登录 LMT 命令树配置的 Config 配置模式，如何登录请参见如何登录和使用 LMT 工具的内容。

② 请参见通过命令树配置执行单条命令执行 show softargu configinfor id 306 查看软参的配置，如图 12-15 所示。

③ 若软参编号 306 的"Current Value"没有设置或为"0"，则执行命令 config softargu type 306 value 1 将该软参的取值设置为 1。

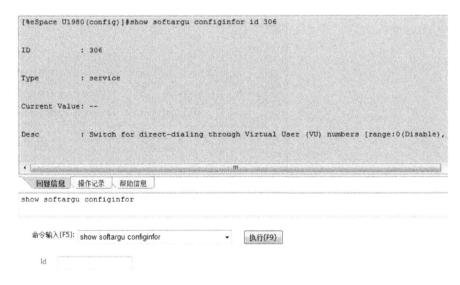

图 12-15　查询软参

（4）配置循环自动总机

如果用户希望实现呼叫总机，再呼叫分机失败后，系统能继续回到 VU 总机提示音。在已实现以上自动总机配置的基础上，还需进行如下操作。

① 登录 LMT 命令树配置的 Config 配置模式，如何登录请参见如何登录和使用 LMT 工具的内容。

② 请参见通过命令树配置执行单条命令执行 config modify prefix dn 68907888 callcategory vu callattribute vuconsole ifvuloop yes loopcount 3。

配置循环自动总机的参数说明如表 12-1 所示。

表 12-1　配置循环自动总机的参数说明

参数	参数说明	取值
ifvuloop<no｜yes>	是否配置拨打一次 VU 总机,循环拨打分机号码特性。假如不配置该参数,呼叫分机失败后,都需要重新拨打 VU 总机号码	本例中呼叫失败后,允许循环播放 VU 提示音,故需设置为"yes"
loopcount<1-6>	循环拨打次数。主叫用户呼叫分机失败,系统回到 VU 总机提示音,循环拨打次数记为一次	本例中假设设置为"3"

12.6　思　考　题

1. 设置成自动总机的业务类别是什么用户?

第 13 章 IAD 的 应 用

本章重点

- IAD 硬件基础；
- IAD 硬件配置方式；
- IAD 基础配置方法。

本章难点

- 无。

本章学时数

- 建议 4 学时。

学习本章的目的和要求

- 了解 IAD 的硬件基础及配置方式；
- 掌握 IAD 的基础配置方法。

13.1 原 理 概 述

IAD 作为 VoIP/FoIP 媒体接入网关,应用于 NGN 网络或 IMS 网络,完成模拟语音数据与 IP 数据之间的转换,并通过 IP 网络传送数据。IAD 通过标准 SIP 协议接入 NGN/IMS 网络,在 SIP 服务器的控制下完成主被叫间的话路接续。IAD 支持多种方式接入 IP 网络,如 xDSL 接入、交换机接入和 GPON/EPON 接入。

13.2 实 训 目 的

通过对 IAD 设备的知识讲解和配置操作,让学生对 IAD 设备的系统功能有基础的学习和掌握。

13.3 实 训 器 材

- 华为 IAD 设备；
- PC 终端；
- 计算机网络；
- 相关线缆。

13.4 实 训 内 容

- IAD 设备安装；
- IAD 配置管理。

13.5 实 训 步 骤

📖 说明：

（1）IAD 设备安装

IAD 是盒式设备，安装时只需完成电缆连接，如图 13-1 所示。

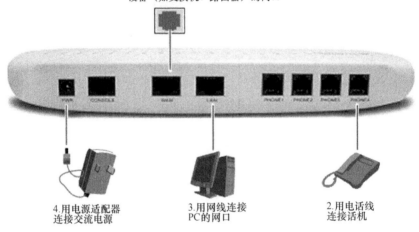

1.连接上行设备，用网线连接至上行
设备（如交换机、路由器）的网口

4.用电源适配器
连接交流电源

3.用网线连接
PC的网口

2.用电话线
连接话机

图 13-1　组网连线

（2）IAD 配置管理

IAD 的配置方式有四种，具体如表 13-1 所示。

表 13-1　IAD 配置方式

方式	说明
自动配置	当 IAD 所在的网络支持 DHCP 服务，可以使用自动配置方式对 IAD 进行配置，该配置方式可用于批量配置 IAD 的基本功能
手动配置（Web 方式）	可以通过 HTTP/HTTPS 方式登录 IAD 的 Web 管理界面，实现绝大多数功能配置，该配置方式仅适用于配置单台 IAD
手动配置（命令行方式）	可以通过 SSH、Telnet 或者本地串口方式登录 IAD 的命令行界面，实现所有功能配置，该配置方式仅适用于配置单台 IAD
配置（网管方式）	在 IAD 上配置好与网管系统的对接参数后，可以在网管系统上对多个 IAD 进行统一配置管理

本节采用手动配置(Web 方式)进行操作学习。

操作步骤:

(1) 登录 Web 管理系统

📖 说明:在登录 Web 管理系统之前,需要建立配置环境。

准备一台 PC 终端,需符合以下要求:

- 配有以太网卡和支持 TCP/IP 协议;
- Window 98 或以上版本操作系统;
- 安装 IE(Internet Explorer)IE7 或 IE8 版本;
- 支持 1 024 像素×768 像素或以上分辨率显示;
- 连接配置线缆,根据实际网络的不同,选择以下 3 种方法中的 1 种进行组网连线。

① 通过交叉网线(若 PC 终端的网口支持自适应,则直通网线也可以)直接将 PC 终端的网口和 IAD104HLAN 口相连。设置 PC 终端的 IP 地址和 IAD 的 IP 地址在同一网段,例如,IAD 的初始 IP 地址为 192.168.100.1,则 PC 终端的 IP 地址可设置为 192.168.100.99。

② 通过交换机或集线器将 PC 终端和 IAD104H 相连。连接方法:用直通网线连接 PC 终端的网口至交换机或集线器的网口,用直通网线连接 IAD104H 的网口至交换机或集线器的网口。设置 PC 终端的 IP 地址和 IAD 的 IP 地址在同一网段,例如,IAD 的初始 IP 地址为 192.168.100.1,则 PC 终端的 IP 地址可设置为 192.168.100.99。

③ 通过网线将 PC 终端和 IAD104H 通过广域网连接。该方法需要在 PC 终端上配置好相应的路由,保证从 PC 终端上可以 ping 通 IAD104H。

1) 登录 Web 管理系统

① 打开 Internet Explorer,在地址栏内输入 IAD104H 的地址(缺省为 https://192.168.100.1)。系统显示登录界面,如图 13-2 所示。

图 13-2　登录界面

📖 说明:首次在 PC 终端上通过 HTTPS 方式访问时,系统会提示"证书错误,导航已阻止",这时需要在 PC 终端上加载 Web 根证书,具体操作请参见加载 Web 根证书。

若忘记了 IAD 的 IP 地址,可以通过以下两种方式获取 IAD104H 的 IP 地址。

- 使用连接到 IAD 的话机拨打 * 127 听语音播报 IP 地址。
- 通过串口登录 IAD 后执行 display ipaddress 命令查看设备地址信息。

② 根据需要在界面上选择系统语言。输入用户名(默认为 root)和密码(默认为 huawei123),单击"登录"按钮。系统显示 Web 系统初始界面,如图 13-3 所示。

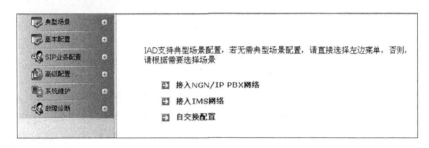

图 13-3　Web 首页

💡注意:

- 密码输错 3 次后,系统会锁定 5 分钟不能继续操作。
- 用户登录系统后,连续 5 分钟无操作,则会超时自动退出登录。

2)配置典型场景

IAD 提供向导式配置典型场景。下面以接入 NGN/IP PBX 网络为例,介绍如何配置典型场景。

① 在 Web 首页,单击接入 NGN/IP PBX 网络,进入典型场景。

② 在出现的开始页面,单击"开始"按钮,开始典型场景配置。

③ 配置开始,在页面的上方有步骤导航指示当前配置步骤,如图 13-4 所示。

图 13-4　导航指示图

④ 在页面右下方可以通过单击"下一步"按钮,按顺序配置数据。

⑤ 直到完成所有配置步骤,单击"完成"按钮。

(2)IAD 网络参数配置

1)IAD 网络地址配置

📖 说明:配置 IAD104H 的 IP 地址。在导航栏中选择"基本配置＞网络参数"。

系统显示 IP 地址配置页面。在"WAN"区域框中设置相应参数。IAD 支持三种 IP 获取方式,请根据网络规划,单击下面的链接进入所需的步骤:

- 静态 IP;
- DHCP;
- PPPoE。

📖 说明：

- 若改变 IP 获取方式,IAD 将会自动重启使配置生效。可以用接在 IAD 上的话机拨打 ∗127 听取播报的 IP 地址或用串口线连接 IAD 查看新的 IP 地址。
- 若选择 DHCP 或 PPPoE 方式获取 IP 地址,当 IAD 无法通过 DHCP 或者 PPPoE 方式获取 IP 地址时,IAD 重启需要约 8 分钟。此时,请检查 DHCP 或 PPPoE 服务器是否可用以及服务器信息是否正确。

① 如果选择的是静态 IP 获取方式,请按以下步骤配置:

- 选中"静态 IP"。根据网络规划数据输入相应参数。如规划的网络数据为 IAD104H 的静态 IP 地址为 192.168.1.62,掩码为 255.255.255.0,默认网关为 192.168.1.1,配置的 IP 地址,如图 13-5 所示。

图 13-5　配置 IP 地址

- 单击"保存"按钮,弹出确认对话框,如图 13-6 所示。

图 13-6　确认对话框

- 单击"确定"按钮,完成 IP 地址配置。
- 请用新的 IP 地址重新登录 IAD,配置 DNS 服务器。

② 如果选择的是 DHCP 获取方式,请按以下步骤配置:

- 选中"DHCP"。
- 单击"保存"按钮,弹出确认对话框。
- 单击"确定"按钮,配置完成,系统自动重启。重启过程需要约 3 分钟。获取新的 IP 地址,并重新登录系统,配置 DNS 服务器。

可以在 IAD 下的话机上拨打 ∗127 听取播报的 IP 地址或用串口线连接 IAD 查看新的 IP 地址。如果选择的是 PPPoE 获取方式,请按以下步骤配置:

- 选中"PPPoE";
- 输入用户名和密码,用户名和密码请从网络运营商获取;
- 单击"保存"按钮,弹出确认对话框;

- 单击"确定"按钮,配置完成,系统自动重启,重启过程需要约 3 分钟,获取新的 IP 地址,并重新登录系统,配置 DNS 服务器。

可以在 IAD 下的话机上拨打 ＊ 127 听取播报的 IP 地址或用串口线连接 IAD 查看新的 IP 地址。

2) 配置 SIP 服务器。

① 选择"SIP 业务配置＞SIP 服务器"。系统显示页面如图 13-7 所示。

图 13-7　配置 SIP 服务器(1)

② 配置服务器 IP 地址

IAD 提供 3 种获取 SIP 服务器 IP 地址的方式。实际配置时根据运营商组网情况选择其中一种。

■ 静态

在 IAD 上直接设置 SIP 服务器的 IP 地址或域名。

■ DNS

IAD 通过订制了 SRV(Service)服务的域名(该域名必须在 DNS 服务器上是订制了 SRV 服务的域名,普通域名无效)定期自动获取 SIP 服务器的域名,并解析为 SIP 服务器的 IP 地址。

■ DHCP

如果选择的是静态获取方式,请按以下步骤配置:

- 在获取方式一栏选择"STATIC",单击"确定"按钮;
- 分别选中索引 0、1、2 对应的记录,单击"修改"按钮,系统显示页面如图 13-8 所示;

图 13-8　配置 SIP 服务器(2)

- 参考表 13-2 填写参数,单击"确定"按钮,完成 SIP 服务器配置;
- 完成后请配置注册模式。

表 13-2 参数解释

参数	含义
索引	索引 0,1,2 分别对应 1 个 SIP 服务器,在 SIP 服务器自动切换模式下,索引 0 对应主用 SIP 服务器,索引 1、2 分别对应备用 SIP 服务器
用户域名	IAD 注册到 IMS 网络时,需要填写"用户域名",根据数据规划填写用户域名。IAD 注册到 NGN/IP PBX 网络时无须填写 **说明:** 该用户域名不能与网络中其他设备重复
服务器配置方式	若选择"IP 地址方式",则在"服务器配置方式"下方的"服务器 IP"文本框中输入 SIP 服务器的 IP 地址 若选择"DNS 方式",则在"服务器配置方式"下方的"服务器域名"文本框中输入服务器域名 **说明:** 选择"DNS 方式"时,需在"基本配置＞网络参数"页面配置 DNS 服务器
服务器端口号	与服务器侧配置一致,建议用默认值 5060
失效时间	建议用默认值 3600,IAD 在失效时间内至少向 SIP 服务器注册一次,以保证 SIP 服务器和 IAD 之间正常的信息交互

（3）SIP 业务配置

📖 **说明:**

数图即拨号规则,用于判断用户拨打号码的范围和长度是否符合拨号规则。通过设置数图,允许一定范围内的号码可以正常呼叫;若该范围内的号码长度与数图相匹配,即可结束收号过程并发起呼叫,缩短电话呼叫的接通时间。故本节介绍如何配置快速拨号功能和限制部分号码可用。

1）配置快速拨号

📖 **说明:** 可拨打任意号码。实现以 5 开始的 4 位局内电话短号,以 6 开始的 8 位本地固定电话号码,以 13 和 15 开始的 11 位手机号码的快速呼叫功能。

配置步骤:

① 在导航栏中选择"SIP 业务配置＞SIP 数图"。出现 SIP 数图配置界面如图 13-9 所示。

图 13-9 配置数图（1）

② 单击"添加"按钮,在弹出的添加页面中,输入数图值 5×××,如图 13-10 所示。

③ 配置规则请参见表 13-3。

图 13-10 配置数图（2）

📖 说明：

- 默认数图值[XABCD＊♯].T 表示用户可以拨打任意号码，号码最大为 33 位。
- 如果只配置数图[XABCD＊♯].T，也可以通过拨♯键实现快速呼出。

表 13-3 数图说明

配置项	参数名称	参数说明
通用规则	0~9、＊、♯、A、B、C、D	允许的拨号符
	X	匹配 0~9 中的任一数字
	.（点号）	表示它前面的字符可以重复任意多次，如 1. 与 11、111 等都匹配
	T	拨号结束超时，如 X.T 表示用户拨了若干号码后超时便认为拨号结束
	[]	匹配符的子集，如[1-357-9]表示 1、2、3、5、7、8、9 中任一个
简单拨号规则	X.T	拨号停止后超时便认为拨号结束
	X.♯	按"♯"后便认为拨号结束

④ 单击"确定"按钮，数图添加成功。

⑤ 根据页面提示，单击"返回"按钮，回到数图配置页面。

参照 2 和 3，继续添加数图 6××××××××、1[35]××××××××××。

📖 说明：IAD 提供两种数图配置方式：

- 逐个输入数图 5×××、6××××××××和 1[35]××××××××××。采用该方法，单个数图的字符长度不超过 33 个字符。
- 通过"|"符号进行一次性数图配置，如输入数图 5×××|6××××××××|1[35]××××××××××。采用该方法，数图的字符长度不超过 135 个字符（包含|符号）。

所有数图设置完成后，如图 13-11 所示。

⑥ 保存数据。

在导航栏中选择"系统维护＞数据保存"。系统显示页面如图 13-12 所示。

选择"保存为普通配置"或"保存为运营商配置"，单击"确定"按钮。

验证结果：

用 IAD 下的话机拨打号码 7000，拨号停止后，等待约 5s 后，号码为 7000 的话机振铃。

用 IAD 下的话机拨打号码 5300（符合数图规则 5×××），拨号停止后，号码为 5300 的话机立即振铃，即实现快速呼叫功能。

📖 说明：主叫号码和被叫号码均存在且可用。

图 13-11　数图配置（3）

图 13-12　数据保存

2）配置部分号码可用

📖 说明：仅以 5 开始的 4 位局内电话短号，以 6 开始的 8 位本地固定电话号码，以 13 和 15 开始的 11 位手机号码可以拨号成功。

配置步骤：

① 删除通配数图[XABCD＊♯].T。

在图 13-14 中，勾选数图[XABCD＊♯].T，单击"清除配置"按钮。

② 配置可用号码数图 5×××、6×××××××和 1[35]××××××××××，结果如图 13-13 所示。

图 13-13　配置数图（4）

③ 保存数据。在导航栏中选择"系统维护＞数据保存"。系统显示页面如图 13-14 所示。

图 13-14　数据保存

选择"保存为普通配置"或"保存为运营商配置",单击"确定"按钮。

验证结果:

- 用 IAD 下的话机拨打号码 7000,拨号过程中会听到忙音且拨号停止后号码为 7000 的话机始终不振铃,即呼叫失败。
- 用 IAD 下的话机拨打号码 5300(符合数图规则 5×××),拨号停止后,号码为 5300 的话机立即振铃,即呼叫成功。
- 选中需配置的端口号,在"短号"列中输入对应的短号,单击"确定"按钮。

已注册的用户可以使用短号实现基本通话功能。

📖 **说明:**也可以单击"批量配置",系统自动为所有用户生成递增为 1 的短号。

④(可选)开启远端短号功能,则已注册的用户可以实现与长号相同的补充语音业务。

在导航栏中选择"SIP 业务配置>SIP 软参",选择支持远端短号功能,单击"确定"按钮,如图 13-15 所示。

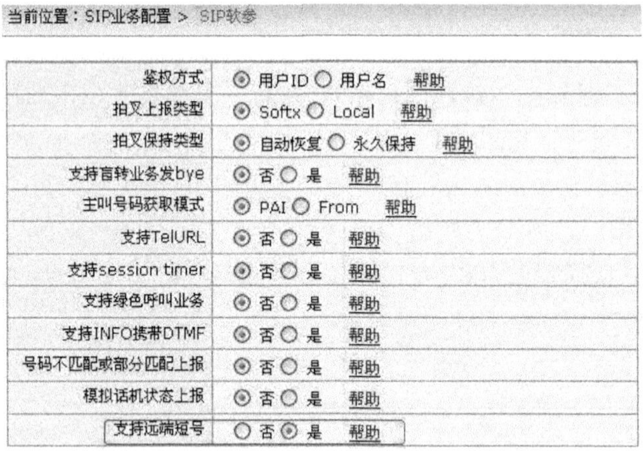

图 13-15　修改 SIP 软参

3)配置用户热线

📖 **说明:**热线业务即用户摘机后,一定时间内不拨号,即可自动接续到预先设定的热线号码。IAD 支持立即热线和延迟热线两种类型业务。

- 立即热线业务,是指用户摘机后,将被立即自动接续到预先设定的热线号码。此时在 IAD 上配置热线延迟时间为 0。
- 延迟热线业务,是指用户摘机后如果超过热线延迟时间不拨号,即可自动接续到预先设定的热线号码。

下面以配置延迟热线业务为例。

操作步骤:

第 1 步,在导航栏中选择"SIP 业务配置>用户热线",出现界面如图 13-16 所示。

第 2 步,勾选需要配置热线业务的用户端口号,输入"热线号码"和"热线延迟时间",单击"确定"按钮,如图 13-17 所示。

图 13-16 用户热线(1)

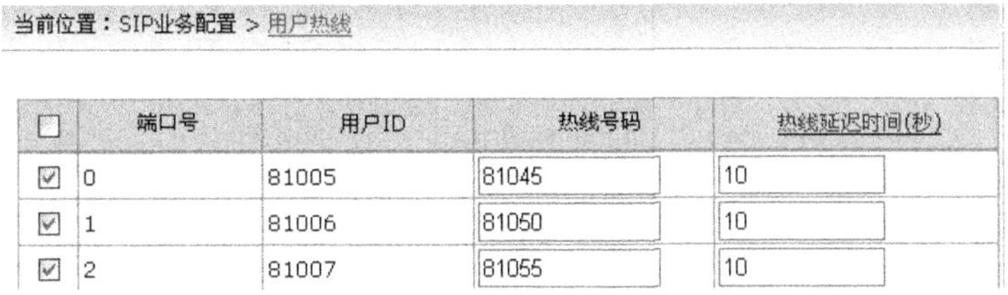

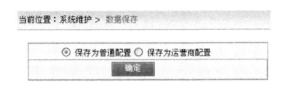

图 13-17 用户热线(2)

第 3 步,保存数据。在导航栏中选择"系统维护＞数据保存"。系统显示页面,如图 13-18 所示。

当前位置:系统维护 > 数据保存

◉ 保存为普通配置 ○ 保存为运营商配置

确定

图 13-18 数据保存

选择"保存为普通配置"或"保存为运营商配置",单击"确定"按钮。

4)配置三方通业务

📖 说明:三方通业务包括三方通话和三方电话会议业务。当 IAD 上报 invite 消息给软交换时,比如对接 IMS 网络时,需要在 IAD 上配置,以实现三方通话和三方电话会议业务;当 IAD 上报 info 消息给软交换时,如对接 U1900 时,只需在 U1900 侧配置,以实现三方通话和电话会议业务。本节以接入 IMS 网络为例,介绍如何在 IAD 上配置三方通业务。

配置步骤如下:

① 在导航栏中选择"SIP 业务配置＞三方通业务",出现界面如图 13-19 所示;

② 选择"三方通混音模式",以"本端"为例,单击"确定"按钮,完成配置。

• 本端:即 IAD 侧三方通话业务。若 IMS 侧没有开通三方通话业务,可以将"三方通混音模式"配置为"本端",实现 IAD 侧三方通话业务。系统默认选择 IAD 侧三方通话业务。

• 远端:IMS 侧三方通话业务。请在 IMS 侧开通该业务,并将"三方通混音模式"配置为"远端"。

图 13-19 三方通业务

③ 保存数据。

在导航栏中选择"系统维护>数据保存"。系统显示页面如图 13-20 所示。

图 13-20 数据保存

选择"保存为普通配置"或"保存为运营商配置",单击"确定"按钮。

13.6 思 考 题

1. IAD 的 WAN 口连接什么设备？LAN 口连接什么设备？
2. IAD104H 通过 Web 方式配置,它的默认地址是什么？
3. ID 支持三种 IP 获取方式,分别是什么？
4. 如果 IAD 与服务器断开,那么 IAD 下面的用户之间还能互通吗？

第三部分

华为统一通信系统故障定位

第14章 登录注册故障维护

本章重点

- IP 话机故障定位及解决方法；
- 模拟话机故障定位及解决方法；
- PC 客户端故障定位及解决方法。

本章难点

- 无。

本章学时数

- 建议 4 学时。

学习本章的目的和要求

- 掌握 IP 话机故障定位及解决方法；
- 掌握模拟话机故障定位及解决方法；
- 掌握 PC 客户端故障定位及解决方法。

14.1 IP 话 机

1. IP 话机可能的故障原因

IP 话机可能的故障原因如图 14-1 所示。

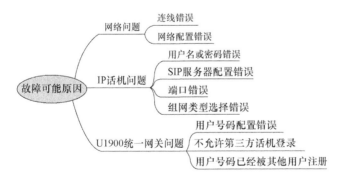

图 14-1 IP 话机可能的故障原因

2. 定位思路

(1) 检查网络能否 Ping 通。

(2) 电话上是否正确配置了用户账号、密码和要注册的 SIP 服务器的 IP 地址、端口号。

(3) U1900 统一网关上是否配置了用户号码，状态如何。

（4）正常的话机用同样的号码能否注册上。

（5）U1900 统一网关是否允许第三方话机注册。

3．对应故障解决方法

故障一：连线错误

检查网线是否插入话机的 LAN 口（请勿插入 PC 口），如图 14-2 所示。

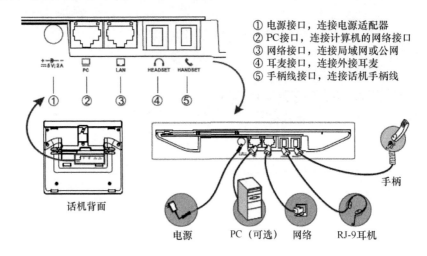

① 电源接口，连接电源适配器
② PC接口，连接计算机的网络接口
③ 网络接口，连接局域网或公网
④ 耳麦接口，连接外接耳麦
⑤ 手柄线接口，连接话机手柄线

手柄

话机背面

电源　　　PC（可选）　网络　　RJ-9耳机

图 14-2　话机连线示意图

故障二：网络配置错误

（1）手动配置话机静态 IP 地址并输入账号、密码等参数后，注册失败。

话机通过静态方式获取 IP 地址，请确保已填写正确的 IP 地址、子网掩码和网关。

在话机界面的"应用程序＞状态＞网络状态＞IPv4 网络状态"中配置 IP 地址、子网掩码和网关。

（2）如果多台话机都无法获取 IP 地址，请检查 DHCP 服务器是否正常工作。

（3）网络错误的原因及解决方法，如表 14-1 所示。

表 14-1　网络错误的原因及解决方法

可能原因	如何解决
SIP 服务器和话机之间的网络未连通（VLAN 或 802.1x 设置不正确）	在话机登录界面，选择"高级＞网络＞网络接入"，设置正确的 VLAN 或 802.1x 参数
SIP 服务器和话机之间网络正常的情况下，SIP 服务器地址为域名形式，此时话机侧未填写 DNS 服务器地址	检查并填写正确的 DNS 服务器地址

故障三：用户名或密码配置错误

话机登录提示密码错误，或者注册失败。

检查话机的用户密码是否配置正确。

在统一网关的"用户管理＞SIP 用户"界面选中密码后的，修改密码，如图 14-3 所示。

图 14-3　修改密码

故障四:SIP 服务器 IP 地址和端口号配置错误

在话机界面的"应用程序＞高级＞服务器＞SIP 服务器"中查看 SIP 服务器 IP 地址和端口号是否配置正确。

(1) SIP 服务器 IP 地址:即统一网关的 IP 地址。

(2) 端口号:默认为 5060。

故障五:组网类型选择错误导致登录失败

在话机界面的"应用程序＞高级＞服务器＞组网环境"中查看组网方式是否配置正确。

eSpace UC V200R002/V200R003 版本对应的 IP 话机的组网环境应该选择 UC2.X,选择为 UC2.0 时会导致话机登录不上。

故障六:软参配置不允许第三方话机注册

U1900 统一网关是否允许第三方话机注册由软参 286 控制。

286 值为 1,表示不允许第三方话机注册;值为 0,表示允许第三方话机注册。

```
[% eSpace U1930(config)]# show softargu configinfor id 286
ID : 286
Type : protocol
Current Value: --
Desc : Whether to check the SIP user agent [range:0(Disable),
1(Enable)][default:1]------------------------------------------------
==== Command executed success ! ====
```

此处说明当前 286 软参的状态值为默认值 1,表示不允许第三方话机注册。

设置 U1900 统一网关允许第三方话机注册。

```
[% eSpace U1930(config)]#config softargu type 286 value 0
==== Command executed success ! ====
```

话机注册成功。

故障七:用户号码已经被注册

(1) 通过 WireShark 抓包查看到 U1900 统一网关回复 403 Forbidden 消息。

(2) 在 U1900 统一网关查询到该号码已经被注册使用,并且不允许其他号码抢占注册。

U1900 统一网关是否允许号码抢占注册由软参 432 控制。

432 值为 0,表示不允许号码抢占注册;值为 1,表示允许号码抢占注册。

```
[% eSpace U1930(config)]♯Show softargu configinfor id 432
ID          :432
Type        :protocol
Current Value :0
Desc        :Indicates whether a user can preempt the account of another user who has
registered [0:No 1:Yes(default)]
------------------------------------------------------
====  Command executed success !  ====


[% eSpace U1911(config)]♯
```

此处说明当前 432 软参的状态值为 0,表示不允许号码抢占注册。

(3) 设置 U1900 统一网关允许号码抢占注册。

```
[% eSpace U1930(config)]♯config softargu type 432 value 1
====  Command executed success ! ====
```

4. 错误码参考

IP 话机注册到 U1900 统一网关出现问题时,U1900 统一网关返回的常见错误码信息,如表 14-2 所示。

表 14-2　常见错误码

错误码	含义	说明	解决方法
401	Unauthorized	U1900 统一网关要求 IP 话机发送携带鉴权信息的注册请求	无须关注,IP 话机会根据要求自动发送消息
403	Forbidden	服务端支持这个请求,但是拒绝执行请求。主要有以下原因: (1) IP 地址或密码鉴权失败 (2) 不允许第三方话机注册 (3) 不允许号码抢占注册	(1) 检查话机的 IP 地址或密码配置是否正确 (2) 设置软参 286 值为 0 (3) 检查该号码是否已经被注册
404	Not Found	用户在 Request-URI 指定的域上不存在,即号码不存在	检查用户号码配置
407	Proxy Authentication Required	U1900 统一网关要求 Proxy 代理发送携带鉴权信息的注册请求	无须关注,Proxy 代理会根据要求自动发送消息
408	Request Time-out	注册消息超时 例如:话机通过 SBC 设备代理注册到 U1900 统一网关,话机的注册周期比 SBC 中端口的保活周期长,等注册刷新的时候,端口不可用,导致注册失败	将话机的注册周期改短

14.2 统一网关下直连的模拟话机

1. 可能的故障原因

可能的故障原因如图 14-4 所示。

故障可能原因
- 连线问题
- 话机本身有问题
- 统一网关问题
- 话机号码未配置

图 14-4 可能的故障原因

2. 定位思路

(1) 检查电话线缆是否有问题。

① 检查电话线缆是否连线脱落。

② 查看该电话线缆所有端口的模拟话机是否都摘机无反应。所有话机都无反应可能是电话线缆或者统一网关侧的问题。

(2) 拿一台正常的模拟话机接到该电话线缆对应端口下,检测是否话机本身有问题。

(3) 检查统一网关状态是否正常。

(4) 检查 U1900 统一网关上是否配置了对应端口的 POTS 号码。

14.3 IAD 下的模拟话机

1. 可能的故障原因

可能的故障原因如图 14-5 所示。

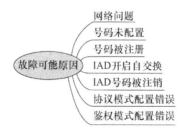

故障可能原因
- 网络问题
- 号码未配置
- 号码被注册
- IAD开启自交换
- IAD号码被注销
- 协议模式配置错误
- 鉴权模式配置错误

图 14-5 可能的故障原因

2. 定位思路

开启 IAD 端口镜像,通过 Wireshark 工具跟踪 IAD 与 U1900 统一网关交互的 SIP 消息。统一网关侧回复消息及处理方法如图 14-6 所示。

(1) 如果 IAD 侧发出注册消息,请检查 U1900 统一网关侧的回复消息。

(2) 如果 IAD 未发出注册消息,请检查 IAD 侧是否开启自交换或者号码是否被注销。

图 14-6　统一网关侧的回复消息及处理方法

3．对应故障解决方法

故障一：连线问题

检查 IAD 与统一网关之间的网线连接是否有问题。

检查 IAD 与 POTS 话机之间的线缆连接是否有问题。

故障二：号码没有配置

检查统一网关上是否配置对应的 SIP 号码。

检查 IAD 上对应端口是否配置了 SIP 号码。

故障三：IAD 开启了自交换

IAD 与统一网关网络连接中断时，IAD 会自动进入自交换状态。

当 IAD 与统一网关的网络恢复，IAD 也不会向统一网关发起注册，仍然保持自交换状态。

登录 IAD 的 Web 管理系统，在"基本配置 ＞自交换开关"配置界面查看并关闭自交换开关，如图 14-7 所示。

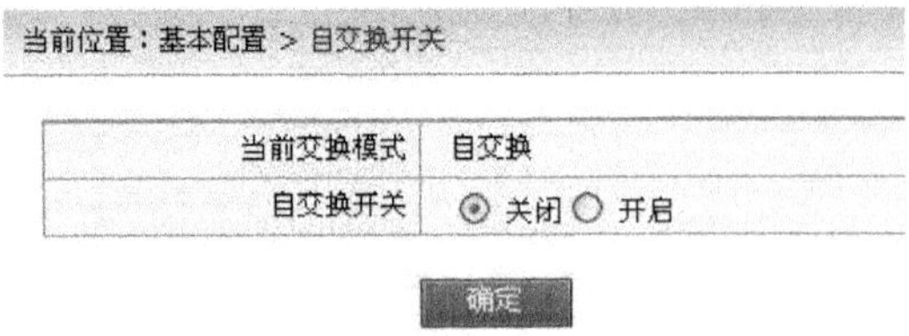

图 14-7　自交换开关

故障四：IAD 上的号码被注销

请执行 undo sip shutdown {all ｜ ＜user-SN＞}命令撤销对号码的注销操作。

故障五：IAD 与统一网关交互的控制协议配置不一致

IAD 与统一网关交互采用的控制协议有两种模式：MGCP 协议和 SIP 协议。

登录 IAD 的 Web 管理系统，在"高级配置＞协议模式"配置界面查看并修改协议模式，如图 14-8 所示。

当前位置：高级配置 ＞ 协议模式

协议模式　⊙ SIP ○ MGCP

图 14-8　协议模式

故障六：对接网络时 SIP 用户鉴权方式配置不正确

与 IAD 对接的网络对用户的身份认证方式有两种：用户 ID 和用户名。

该鉴权方式由网络运营商侧来决定。接入 IMS 网络时采用用户名鉴权。其他网络一般都是用户 ID 鉴权。

登录 IAD 的 Web 管理系统，在"SIP 业务配置＞SIP 软参"配置界面查看并修改鉴权方式，如图 14-9 所示。

图 14-9 鉴权方式

14.4 PC 客户端

可能的故障原因如图 14-10 及图 14-11 所示。

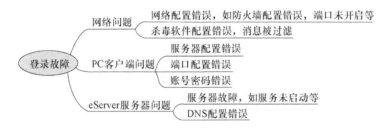

图 14-10 登录故障的常见原因

图 14-11 语音注册故障的常见原因

1．定位思路

（1）查看 PC 客户端界面错误码提示或者查看 PC 客户端日志中的消息流程。

（2）查看 PC 客户端日志，判断登录消息是否有丢包情况，进而判断是否为 eServer 服务器故障或者网络问题。

（3）查看 PC 客户端日志，查看语音注册流程是否正常，进而判断是否为网络问题或者统一网关故障。

2．登录故障定位方法

（1）查看 PC 客户端日志中的错误，对照错误码信息查看故障原因及解决方法。

在客户端所在 PC 上，选择"开始→运行"，输入％appdata％，进入"eSpace_DeskTop\log"目录。用文本编辑工具打开"service. log"日志，搜索关键字"esLoginResultLog"，可以找到类似以下信息。

```
2015-06-16
11:24:16,170(6052 )[ERROR]{uc::model::esLoginResultLog}
[login]2 : kLoginResultPasswordError
```

参见表 14-3 查看故障原因及解决方法。

表 14-3　PC 客户端错误码信息

错误码	含义	说明	解决方法
－100	kLoginResultTimeOut	登录超时	请确认网络连接是否正常
2	kLoginResultPasswordError	密码不正确	联系管理员获取正确的密码
3	kLoginResultAccountNotExist	账号不存在	登录 BMU 界面确认账号是否存在
5	kLoginResultAccountLocked	账号已锁定	可以由于密码输错次数超过阈值,导致账号锁定,等待一段时间后重试
6	kLoginResultNeedNewVersion	当前版本无法使用,请下载新版本	请下载更新到最新版本
7	kLoginResultNotActive	用户未激活	登录 BMU 界面确认账号是否正常
8	kLoginResultAccountSuspend	账号暂停使用	
9	kLoginResultAccountExpire	账号已过期	
10	kLoginResultDecryptFailed	消息解密失败	导致该错误的原因较为复杂,请先 PC 客户端与 eServer 之间的网络连接是否正常
11	kLoginResultCertDownloadFailed	证书下载失败	
12	kLoginResultCertValidateFailed	证书校验失败	
13	kLoginResultDNSError	域名解析错误	请检查 DNS 配置是否正确

（2）查看 PC 客户端日志 tup_cui. log,该日志记录客户端的登录流程（与 eServer 交互）。

① 检查日志中是否有 hello、helloack、getcertificate、getcertificateack、login、loginack 消息。

② 检查 hello 消息携带的 IP 地址是否为 Hello Server 的 IP 地址。

③ 检查是否有连续多条 getcertificateack 消息,可能为 PC 客户端和 eServer 之间网络故障。查看防火墙配置是否正确,排查网络连接问题。

④ 否则,请查看 eServer 服务是否已经启动。

3. 语音注册故障定位方法

（1）登录 BMU 管理界面,查看统一网关配置是否正确,是否处于已连接状态。

（2）查看 PC 客户端日志 tup_call. log,查看是否存在 403 和 404 错误。参见 IP 话机的故障解决方法处理。eSpace Desktop 日志如表 14-4 所示。

表 14-4　eSpace Desktop 日志

日志名称	内容概要	获取方法
ecsdata. log espace. log	PC 客户端自身运行日志	选择"开始→运行",输入％appdata％,再进入"eSpace_DeskTop\log"目录
tup_cui. log	PC 客户端与 eServer 的交互日志,PC 客户端的登录流程可以查看此日志	
tup_audio. log tup_call. log tup_im_serivce. log tup_mediaservice. log tup_offlinefile. log tup_sdp. log tup_sdpnegotiation. log tup_video. log	TUP 平台日志,记录语音注册和呼叫相关日志 其中,tup_call. log 日志中记录了客户端的 SIP 语音注册流程	

4. 常见故障处理方法

故障一:连接服务器失败,请检查网络设置

系统提示界面如图 14-12 所示。

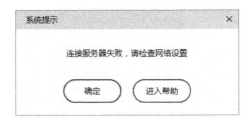

图 14-12　连接服务器失败

解决方法:

(1) 检查客户端上面服务器地址配置是否正确,如图 14-13 所示。

图 14-13　服务器地址

其中地址为 eServer 服务器的 IP 地址或者域名,端口默认值为 8011。

(2) 在 eSpace Desktop 所在的 PC 上,ping eServer 服务器的 IP 地址或者域名,确保网

络没有问题。

（3）登录 eServer 服务器,检查 eServer 服务的状态,确保 eServer 服务处于正常状态。

（4）检查 BMU 上是否已经成功添加统一网关,并且正确配置 eServer 服务与统一网关之间的对接。

故障二:账号或者密码错误

系统提示界面如图 14-14 所示。

图 14-14　账号或密码错误

解决方法:

（1）检查客户端登录界面输出的账号和密码都正确,密码区分大小写。

（2）登录 BMU 管理界面,查询该账号是否存在。

第15章　基本呼叫故障维护

本章重点

- 呼叫故障的基本原因；
- 呼叫故障的处理流程。

本章难点

- 无。

本章学时数

- 建议 4 学时。

学习本章的目的和要求

- 了解呼叫故障的基本原因；
- 掌握呼叫故障的处理流程。

可能的故障原因如图 15-1 所示。

1. 检查网络状态

使用 ping 命令查看统一网关与话机之间的网络互通状态，及延时、丢包等异常现象。

2. 检查话机注册状态

被叫话机注册状态有问题时，拨打电话系统会提示"您所拨打的用户线故障"。

- IP 话机检查注册状态；
- 模拟话机摘机听提示音是否正常。

```
[ % eSpace U1960(config)]# show subscriber dn 4000


Subscriber


Dn    LongDn    DomainName TermName UserType UserPriorLevel State
----  -------   ----------- --------- -------  ------------------ ----
4000 83440008 4000        4000     NORMAL  Default            IDLE
```

IDLE 状态表示注册状态正常。

话机注册失败请参考第一期登录与注册专题解决。

3. 拨 * 125 自查话机号码

话机 A 拨打 * 125，能正常播放"您的号码为 XXX"时，说明：

- 话机与网关之间的连接正常；

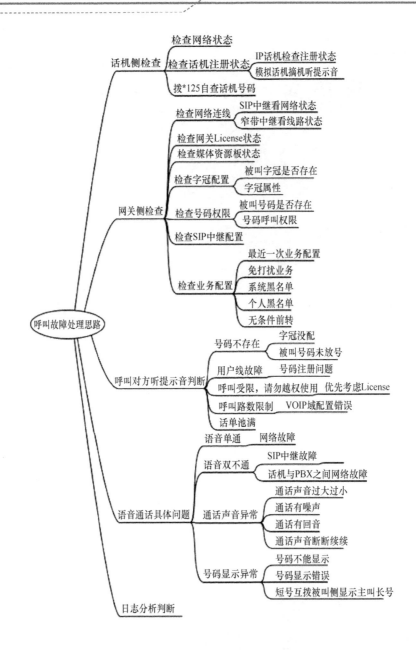

图 15-1　呼叫故障处理思路

- 网关放音正常,即网关状态正常。

"您的号码为 XXX"这段语音由统一网关向话机播放。如果放音有问题,说明网关的媒体资源板状态不正常。

4. 检查网关 License 状态

License 异常或过期也会导致呼叫失败。

登录 U1900 统一网关 Web 管理系统。在"系统管理＞许可证信息"页签查看统一网关的 License 信息,如图 15-2 所示。

License 状态 State 有效"Valid",剩余天数 Run LeftDays 的值不为 0。

```
Basic Information Of License
License Type :              Corporation
State:                      Valid
License SN:                 LIC20141029019750
Equipment SN:               210235669210D4000002
Run Date:                   2015-01-25
Trial Days:                 88
Run LeftDays:               15
Local Survival LeftHours:   420
Redundancy Backup LeftHours: 0
```

图 15-2 License 信息

5. 检查媒体资源板状态

U1900 统一网关的媒体资源模块主要位于媒体资源板(MTU)中,具体的作用如图 15-3 所示。

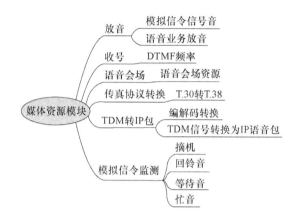

图 15-3 媒体资源模块的作用

当统一网关收到拨号请求 Invite 消息时,会根据判断结果发送指令给 MTU 板要求播放对应的信号音。放音类型如表 15-1 所示。如果 MTU 状态异常,会导致放音失败。

表 15-1 放音类型

终端类型	铃声存放在	摘机拨号音	振铃音	回铃音（默认）	回铃音（彩铃）	语音业务音
IP 话机	话机上	由话机播放	由话机播放	由话机播放	由网关播放	由网关播放
POTS 话机	统一网关	由网关播放	由网关播放	由网关播放	由网关播放	由网关播放

MTU 状态检查方法:

(1) 使用管理员账户登录 U1900 系列统一网关 Web 管理系统。

(2) 选择"资源查询>单板状态",查看 MTU 板状态指示灯。

或者使用 show board 命令。如果单板故障或有告警时请及时处理。

6. 检查字冠配置

被叫字冠没有配置时,会提示"您拨打的号码不存在"。字冠的呼叫属性不正确时,也会导致呼叫失败。

以管理员账号登录 U1900 统一网关 Web 管理系统,在"中继管理>字冠配置"中查看被叫字冠是否存在,并查看字冠的呼叫属性,局内呼叫是否为 inter,局外是否为 Local 或 DDD 或 IDD。或者使用 show prefix dn 命令查询字冠。

7．检查被叫号码是否存在

(1) 使用管理员账户登录 U1900 系列统一网关 Web 管理系统。

(2) 选择"用户管理＞SIP 用户"或"用户管理＞POTS 用户",查询被叫号码是否存在,不存在的话,单击"创建"配置号码。

8．检查号码呼叫权限

主叫号码没有呼出权限,或被叫号码没有相应的呼入权限时,也会导致呼叫失败。

(1) 确定主叫的 OutgoingRight 以及被叫的 IncomingRight 都具有 Inter 权限。

```
[% eSpace U1960(config)]# show subscriber dn 4000 type basic


OutgoingRight        IncomingRight           SuspendedFlag
----------------     --------------------    -----------
INTER/LOCAL          INTER/LOCAL/DDD/IDD     No
```

(2) 确定主叫 32 级限呼权限 OutgoingCustomRight 以及被叫字冠 32 级限呼权限 CustomAttribute 的值一致。

```
[% eSpace U1960(config)]# show subscriber dn 4000


Append Subscriber Information
OutgoingCustomRight ConfFactory DistinctRing AutoAnswerDelay
------------------------  --------------  ---------------  -------------
     -                        -              Off              0(sec)
[% eSpace U1960(config)]# show prefix dn 5
Prefix
SubPBXNo Prefix CallCategory CallAttribute CustomAttribute
--------- ------ ------------- ------------- -------------
0        5      basic        Inter         null
```

9．检查 SIP 中继配置

通过 SIP 出局的呼叫故障要关注 SIP 中继相关配置,主要有以下几点:

- SIP 中继未配置;
- 心跳开关未打开,检测不到对设备状态;
- 中继电路全部处于 busy 状态,无空闲电路可用。

修改中继最大限呼数。

查看 SIP 中继配置:

(1) 使用管理员账户登录 U1900 系列统一网关 Web 管理系统;

(2) 选择"中继管理＞中继配置＞SIP",查询中继配置。

或通过 show protocol sip 命令查看。

10．检查被叫是否开启免打扰

被叫开启免打扰业务,所有呼入被拒绝,但是不影响被叫呼出。

- 用户 B 设置了免打扰业务,用户 A 呼叫用户 B 时,将会听到"您呼叫的用户已设置免打扰"。
- 统一网关直连的模拟话机,当登记了免打扰业务后,用户摘机将听到"嘟……嘟……嘟……"间断的拨号音。

检查被叫号码 5000 的免打扰业务是否开启,DDS 对应的 Rigester 值为 Y,表示开启了免打扰业务。

```
[% eSpace U1960(config)]# show subscriber dn 5000 type newservice
New Service


Rights      Register Information
----------- ---------- ----------
NORMAL      Y
CALL_WAITING
WAKEUP_CALL
UNICALL
DDS
ABSENT_U
```

请关闭被叫的免打扰业务,观察呼叫是否恢复正常。

- 话机摘机→拨"#56#",可以听到成功撤销业务的提示音;
- 或者在已设置免打扰的 IP 话机显示屏下方软按键选择"免打扰",取消登记后,话机显示屏下方的"电话已设置免打扰"消失。

11. 检查系统黑白名单

系统黑白名单主要用于全面屏蔽特定来电(例如广告推销电话),或者限制所有人拨打特定号码(例如声讯电话)。

U1900 列统一网关将用户分别加到不同的限呼类型组(包括:黑名单组、白名单组和普通限呼组)中,来控制用户间的呼叫权限。

不同限呼组中的呼叫权限如图 15-4 所示。

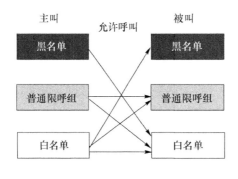

图 15-4 呼叫权限

查看主叫黑白名单,可以看出主叫号码 4000 在系统主叫黑名单中。

```
[% eSpace U1960(config)]# show blackandwhite calltype caller


BlacdAndWhite Group Info
RecordNo   SubPBXNo   Dn CallType   GroupType
----------   ----------   -- -----------   ---------
0              0     4000   Caller    BlackGroup
```

查看被叫黑白名单,可以看出被叫号码 5000 在系统被叫黑名单中。

```
[% eSpace U1960(config)]# show blackandwhite calltype callee


BlacdAndWhite Group Info
RecordNo SubPBXNo Dn   CallType GroupType
---------- ---------- ----   ----------- ---------
0        0     5000 Callee   BlackGroup
```

根据图 15-4 中的呼叫权限,主叫黑名单不允许呼叫被叫黑名单中的号码。所以主叫 4000 呼叫被叫 5000 失败。

12. 检查个人黑白名单

用户可以设置自己的黑名单,不再接收任何来自黑名单中用户的来电。黑名单中的用户呼叫该用户时,系统会向来电者播放呼叫限制提示音。

查看个人黑名单:

- 以用户号码 5000 登录 U1900 系列统一网关 Web 自助服务系统,在"自助服务＞业务登记＞黑名单"中查看到主叫号码 4000 在被叫号码 5000 的黑名单中,所以呼叫失败。

- 或者使用命令行查询:

```
[% eSpace U1960(config)]# show blacksubscriber by userdn number 5000


RecordNo SubPBXNo UserDn BlackDn
---------- ---------- ------- ------
0        0     5000   4000
```

删除个人黑名单,从号码 5000 的黑名单中删除号码 4000,呼叫成功。

```
[% eSpace U1960(config)]# config add blacksubscriber userdn 5000 blackdn 4000


====   Command executed success !   ====
```

13. 检查被叫是否开启无条件呼叫前转业务

检查被叫号码 5000 是否开启了无条件前转业务,并观察期前转号码是否合法。如果前转号码非法,也会呼叫失败。

以号码 5000 登录 U1900 系列统一网关 Web 自助服务系统,在"自助服务＞业务登记＞前转业务"页中关闭"无条件前转"到"号码"。